高等职业院校互联网+新形态创新系列教材·计算机系列

Flash CS6 动画设计项目教程
(微课版)

曹凤莲　李文杰　邹菊红　主　编

清华大学出版社
北京

内 容 简 介

本书详细介绍了 Flash CS6 在动画设计中的应用，主要内容包括初识 Flash CS6 动画软件、绘制多彩的世界、制作"美丽校园"电子相册和制作电子广告等基础知识及实践操作的内容。

书中始终以动画项目为主线，通过项目分解任务，落实到每一课时，让学生通过进行"项目分解""任务分析"，达到"任务模拟"，从而实现综合项目上机实训的目的。本书各项目任务配套相应的微视频课程讲解，同时附赠安装软件、电子课件、习题答案、本书全部素材和源文件等教学资源。

本书可作为普通本科院校和高职高专院校计算机专业、动漫数字媒体艺术类专业课程的教材，也可作为其他相关人员的自学参考书。

本书封面贴有清华大学出版社防伪标签，无标签者不得销售。
版权所有，侵权必究。举报：010-62782989，beiqinquan@tup.tsinghua.edu.cn。

图书在版编目(CIP)数据

Flash CS6 动画设计项目教程：微课版/曹凤莲，李文杰，邹菊红主编. —北京：清华大学出版社，2021.11（2024.2重印）
高等职业院校互联网+新形态创新系列教材. 计算机系列
ISBN 978-7-302-59054-5

Ⅰ. ①F… Ⅱ. ①曹… ②李… ③邹… Ⅲ. ①动画制作软件—高等职业教育—教材 Ⅳ. ①TP391.41

中国版本图书馆 CIP 数据核字(2021)第 178882 号

责任编辑：桑任松
装帧设计：杨玉兰
责任校对：周剑云
责任印制：刘海龙

出版发行：清华大学出版社
网　　址：https://www.tup.com.cn，https://www.wqxuetang.com
地　　址：北京清华大学学研大厦 A 座　　邮　编：100084
社 总 机：010-83470000　　邮　购：010-62786544
投稿与读者服务：010-62776969，c-service@tup.tsinghua.edu.cn
质量反馈：010-62772015，zhiliang@tup.tsinghua.edu.cn
课件下载：https://www.tup.com.cn，010-62791865

印 装 者：三河市铭诚印务有限公司
经　　销：全国新华书店
开　　本：185mm×260mm　　印　张：17.75　　字　数：428 千字
版　　次：2022 年 1 月第 1 版　　印　次：2024 年 2 月第 3 次印刷
定　　价：49.80 元

产品编号：091216-01

前　言

Adobe Flash CS6 是美国 Adobe 公司推出的矢量动画制作软件，它广泛应用于动画设计、多媒体设计、Web 设计等领域，尤其在多媒体设计领域占据着重要地位。

为了培养学生的项目制作经验，同时熟悉基础知识，本书采用了打破章节，重新组织编写教学内容的方式，以动画项目为主线进行整体设计，确定项目内容，然后进行项目分解，确定任务内容。

本书主要特色如下。

(1) 精简教学内容，注重实践，强调应用。

考虑到各学校的课时限制和学生的实际情况，内容上全而精，通过 8 个项目对 Flash 动画设计方法中所需要的内容予以详细的介绍，做到重点突出，易于理解，以便学生学完一个项目就能够独立设计并制作出一个作品，从而极大地提高学生的实践能力和学习兴趣。

(2) 项目导向教学模式。

本教材针对社会市场的需求，以典型动画任务为载体，并调研当前流行的动画方式，将核心知识和技能分解在 8 类典型工作项目中，将学生引入动画技术中，进而培养学生动画设计与制作的工作能力和职业素质。

(3) "项目部分元件借用"教学方法。

在教学中总结出"项目部分元件借用法"，并在教学中进行广泛推广。本课程将核心知识和技能分解在一些典型的学习项目中，前面的项目内容会应用到后面的项目中。借助"项目部分元件借用"教学法，教师提供素材包或制作方法，实现作品的完整应用。

本书中每一个项目的基本结构均为"项目导入+项目分析+能力目标+知识目标+上机实训+习题"，而每一个项目任务中又包括"知识储备+任务实践"，以便有效地帮助学生学习理论知识，锻炼实际应用能力，并强化巩固所学的知识与技能，从而取得良好的学习效果。

本书由山东莱芜职业技术学院曹凤莲、天津工业大学李文杰、四川水利职业技术学院邹菊红主编，编写过程中参考了同类优秀的著作。尽管编者已经尽了最大努力，但由于学识和写作水平有限，书中难免存在疏漏、不足不妥之处，敬请广大读者批评指正。

编　者

教学资源服务

目　录

项目一　动画与 Flash CS6 1
任务一　初识动画与 Flash CS6 3
知识储备 3
一、动画的概念和特点 3
二、动画的基本原理 3
三、动画的基本类型 3
四、动画制作软件 Flash CS6 5
任务实践 5
任务二　制作第一个 Flash 动画文档 6
知识储备 6
一、Flash CS6 的工作界面 6
二、Flash CS6 的操作界面 7
三、Flash CS6 文档的基本操作 11
四、Flash 动画的测试与发布 13
任务实践 14
上机实训　创建一个包含圆的 Flash 文档 15
习题 17

项目二　绘制多彩的世界 19
任务一　绘制 QQ 企鹅头像 21
知识储备 21
一、矩形工具和基本矩形工具 21
二、椭圆工具和基本椭圆工具 21
三、填充颜色 23
任务实践 24
任务二　制作扇子 25
知识储备 25
一、任意变形工具 25
二、选取工具 26
任务实践 27
任务三　素材底图勾勒 29
知识储备 29
一、Flash CS6 图像素材 29
二、钢笔工具的使用 32
三、图层的使用 33

任务实践 35
上机实训　风景图的绘制 38
习题 43

项目三　制作"美丽校园"电子相册 47
任务一　制作封面效果 49
知识储备 49
一、对象的线条类型绘制 49
二、【对齐】面板的使用 50
任务实践 51
任务二　制作相册动画效果 55
知识储备 55
一、时间轴与帧 55
二、动画制作方式 58
任务实践 64
任务三　制作场景动画 74
知识储备 74
一、声音的导入 74
二、视频的导入 75
三、【动作】面板的使用 77
任务实践 80
上机实训　班级电子相册的制作 83
习题 85

项目四　制作生日贺卡 87
任务一　制作漂亮的文字效果 89
知识储备 89
一、下载漂亮的字体 89
二、静态文本的输入与设置 89
三、文本对象的分离 89
四、对象的封套变形 90
任务实践 90
任务二　制作贺卡元件 93
知识储备 93
一、元件的创建与使用 93
二、元件的转换 94

三、创建引导层动画 95
　　任务实践 99
　　　一、制作"蜡烛效果"元件 99
　　　二、制作礼物元件 104
　　　三、制作"蛋糕"元件 105
　任务三　制作动画场景 110
　　知识储备 110
　　　一、创建遮罩层动画 110
　　　二、制作遮罩层动画案例 111
　　任务实践 112
　上机实训　中秋节贺卡的制作 114
　习题 118

项目五　制作"采蘑菇的小姑娘"MTV 121

　任务一　MTV 序幕场景的制作 122
　　知识储备 122
　　　一、素材的导入 122
　　　二、"按钮"元件的建立和使用 123
　　　三、【线条工具】的使用 124
　　　四、铅笔工具的使用 124
　　　五、文字作为遮罩层的动画制作 124
　　　六、橡皮擦工具的使用 127
　　任务实践 128
　任务二　MTV 歌曲的导入与歌词同步 134
　　知识储备 134
　　　一、声音文件 134
　　　二、MP3 文件格式的转换 135
　　　三、导入及编辑声音 136
　　任务实践 139
　任务三　绘制行走的小女孩 142
　　知识储备 142
　　　一、选择工具的使用技巧 142
　　　二、排列图形 143
　　　三、图形的组合与打散 143
　　任务实践 144
　任务四　MTV 动画效果设计与制作 148
　　知识储备 148
　　　一、元件的复制 148
　　　二、元件在场景中的使用技巧 149

　　任务实践 149
　上机实训　《我和我的祖国》MV 制作 154
　习题 155

项目六　制作电子广告 157

　任务一　制作"爱护树木"公益广告 159
　　知识储备 159
　　Deco 工具的使用 159
　　任务实践 162
　任务二　制作"汇源果汁"产品广告 166
　　知识储备 166
　　　一、调整对象的变形中心 166
　　　二、【设计】面板中【变形】和
　　　　【信息】面板的使用 167
　　任务实践 168
　任务三　制作节日宣传广告 177
　　知识储备 177
　　　一、ActionScript 3.0 常用术语 177
　　　二、运算符与表达式 179
　　　三、选择程序结构 179
　　　四、数组的创建和使用 180
　　　五、利用超链接加载到指定网站
　　　　浏览器窗口 181
　　任务实践 181
　上机实训　制作旅游景区宣传广告 186
　习题 189

项目七　制作应用程序 191

　任务一　制作简易计算器 192
　　知识储备 192
　　　一、动态文本的应用 192
　　　二、元件实例命名时绝对路径和相对
　　　　路径的使用 194
　　　三、字符串连接运算符"+" 195
　　　四、判断字符串相等运算符"==" 195
　　任务实践 195
　任务二　制作美女换装游戏 197
　　知识储备 197
　　　一、影片剪辑的拖放函数 198
　　　二、影片剪辑的碰撞函数 198

任务实践 199
　任务三　制作打兔子游戏 207
　　　知识储备 207
　　　一、基于 ActionScript 3.0 的【动作】
　　　　　面板 207
　　　二、类的使用 212
　　　任务实践 215
　上机实训　图片匹配游戏 219
　习题 223

项目八　制作"个人简历"网站 225
　任务一　制作网站登录注册界面 227
　　　知识储备 227
　　　一、组件概述 227
　　　二、组件的使用 228
　　　三、用户界面组件 228
　　　任务实践 231
　任务二　制作我的作品动画 238

　　　知识储备 238
　　　一、骨骼工具的使用 238
　　　二、3D 动画 240
　　　三、函数的使用 242
　　　任务实践 245
　任务三　制作网站主场景 254
　　　知识储备 254
　　　一、复制元件 254
　　　二、删除与重命名元件 254
　　　三、查找空闲元件 254
　　　四、排序元件 254
　　　五、使用元件文件夹 254
　　　任务实践 255
　上机实训　"满江红"诗词网站制作 265
　习题 272

参考文献 274

项目一

动画与 Flash CS6

【项目导入】

作为一个动画制作的初学者，王晓觉得 Flash CS6 是现在普遍使用的动画制作软件，他在学习了基本动画概念之后，制作了第一个 Flash 动画文档，效果如图 1-1 所示。

图 1-1　效果图

王晓制作 Flash 动画文档的步骤如下。
(1) 安装 Flash CS6 软件。
(2) 打开 Flash 软件，认识界面并学习工具面板的使用。
(3) 在场景中输入文本"我的第一个 Flash！"。
(4) 保存文档为"我的第一个 Flash"。
(5) 导出文档为 SWF 类型。

【项目分析】

用户想要了解动画的有关知识，就要从动画的基本概念和特点、动画形成的基本原理和基本类型 3 个部分来学习。本项目主要在了解动画知识的基础上认识 Flash 软件，并能利用软件制作简单的动画。

【能力目标】

- 了解动画的概念、原理。
- 学会 Flash CS6 的正确安装。
- 利用软件创建动画文档。

【知识目标】

- 熟悉 Flash CS6 软件的工作界面和操作界面。
- 掌握创建动画文档的方法。

任务一 初识动画与 Flash CS6

知识储备

一、动画的概念和特点

动画(animation)一词,是由拉丁语的动词 animate(赋予生命)演变而来的。顾名思义,"动画"就是"会动的画"。它包含了动画两个极为重要的方面:"动"和"画"。动画不但要画,而且要会动,这是它与纯绘画的最大区别。在"画"这一方面,艺术性的东西要求多一点,而让画面动起来,则在经验和技术方面有了比较高的要求。

计算机动画的关键技术体现在计算机动画制作软件及硬件上。不同的动画效果,取决于不同的计算机动画软、硬件的功能。虽然制作的复杂程度不同,但动画的基本原理是一致的。从另一方面来看,动画的创作本身是一种艺术实践,动画的创意、角色造型、构图、色彩等的设计需要高素质的美术专业人员才能较好地完成。总之,计算机动画制作是一种集技术与艺术于一身的创造性工作。

二、动画的基本原理

动画是通过连续播放一系列画面,给视觉造成连续变化的图画。它的基本原理即视觉原理。人类具有"视觉暂留"的特性,就是说人的眼睛看到一幅画或一个物体后,在 1/24 秒内不会消失。利用这一原理,在一幅画还没有消失前播放出下一幅画,就会给人造成一种流畅的视觉变化效果,如图1-2所示。

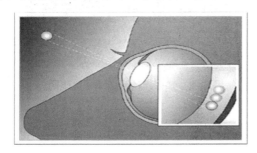

图 1-2 视觉原理

三、动画的基本类型

如今的动画,融合了美术、影视特色,运用现代科学技术,从一种单纯的艺术形式逐渐向产业化、商业化靠近,动画在很多领域焕发出了耀眼的光芒。随着动画产业的不断发展,动画的分类也逐渐显现出来。

1. 影视动画片

影视动画片是动画的传统形式,也得到了最为长期和充分的发展。影视动画片又分为影院动画片和电视系列动画片。影院动画片以长篇为主,事实上就是用动画的手段制作的电影。大多改编自文学作品(童话、神话、小说等),叙事结构与经典戏剧的叙事结构基本相符，有明确的因果关系，一定模式的开头，情节的展开、起伏、高潮以及一个完整的结局。同时也具备一部优秀动画必需的三个条件：精美的画面、生动的情节、紧扣主题的配乐。如图1-3和图1-4所示都为影视动画片。

图1-3 《白雪公主》

图1-4 《千与千寻》

2. 动画短片

动画短片一般指片长30分钟以内的动画作品，采用很生动的形象和简洁的语言、精心设计的行为来快速表现，因此，大多为独立制作，这就为动漫设计师提供了一个绝好的展示自己的渠道，如图1-5和图1-6所示。

图1-5 《新长征路上的摇滚》

图1-6 "小破孩系列"《景阳冈》

3. 动画广告

与传统广告相比，动漫广告在技术性上有着显著的优势，它能够完成实拍不能完成的镜头，那些实拍成本过高、有危险性的镜头都可通过其实现，制作不受天气季节等因素影响，而且可修改性较强，质量要求更易受到控制，能够很好地对产品起到美化作用。另外，它的艺术表现效果也是不言而喻的，具有生动性、夸张性、吸引力、时尚性等特点。

4. 手机动画

手机动画是指采用交互式矢量图形技术制作的多媒体动画，并通过移动互联网提供下载、播放、转发等功能的一种服务，能提供动画屏保、来电动画、动漫乐园、疯狂GAME、闪卡SHOW、卡拉OK、火爆MV、影视瞬间、动感资讯、明星风采等丰富应用。

5. 动画贺卡

随着计算机技术及网络的发展，动漫贺卡已经异军突起并相当成熟。自己创意的动漫贺卡不仅特点鲜明，而且创意新颖，个性化十足，表达的情感更为细腻真实。

6. 游戏动画

从 20 世纪中后期开始，以游戏为代表的数字娱乐及文化创意产业日益成为具有广阔发展空间、推进不同文化间沟通交流的全球性产业。

7. 动画 MV

动画 MV 是通过音乐 VCD、DVD 和电视、网络、移动终端等媒体发布传播的。MV 是 Music Video 的缩写，意为可视音乐，是比较时尚流行的音乐表现形式，讲究音画结合，画面对乐曲及歌词的意境渲染有着极强的促进作用。随着音乐、影视与动漫的进一步融合，动漫 MV 越来越成为大众喜爱的艺术形式与娱乐方式，其影响力也在逐步扩大，如图 1-7 所示。

图 1-7 《冬天来了》

四、动画制作软件 Flash CS6

Adobe Flash CS6 是美国 Adobe 公司推出的矢量动画制作软件，是用于创建动画和多媒体内容的强大的创作平台。它在多媒体设计领域中占据重要地位，广泛应用于动画设计、多媒体设计、Web 设计等领域。它可以制作广泛应用的 MTV、电子相册、电子贺卡、电子广告、片头等类型的动画。

动画原理与软件安装.mp4

任务实践

在了解了动画的基本知识以后，下面开始进行 Flash CS6 软件的学习。首先进行软件的安装，具体操作步骤如下。

（1）在 Flash CS6 的安装文件夹中，找到 Flash CS6 的安装文件，如图 1-8 所示。对于缓存比较小的计算机，在安装和运行软件的时候会出现屏幕鼠标卡顿的现象。

图 1-8 Flash CS6 安装文件

(2) 双击 Adobe_Flash_CS6_XiaZaiBa.exe 文件图标,在打开的对话框中选择安装路径,如图 1-9 所示。单击【确定】按钮后开始进行安装文件解压缩,如图 1-10 所示。

图 1-9　选择安装路径

图 1-10　文件解压

(3) 解压完成后进入安装界面,如图 1-11 所示。单击【安装】按钮,开始安装 Flash CS6 软件,如图 1-12 所示。安装结束后的效果如图 1-13 和图 1-14 所示。

图 1-11　安装界面

图 1-12　安装过程界面

图 1-13　安装完成界面

图 1-14　创建桌面快捷方式

任务二　制作第一个 Flash 动画文档

知识储备

一、Flash CS6 的工作界面

创建 Flash 动画,必须熟悉 Flash 的工作界面及其各个组成部分的作用。Flash CS6 成功启动后便进入初始用户界面,如图 1-15 所示。在开始页中,打开最近打开过的项目或者保存在本地磁盘中的项目,创建新的项目,或直接从模板创建项目,均可进入 Flash CS6 的操作界面。

Flash 文档的基本界面和操作.mp4

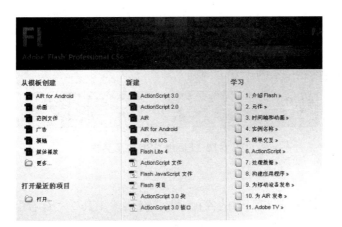

图 1-15　Flash CS6 初始界面

二、Flash CS6 的操作界面

Flash CS6 的操作界面由以下几部分组成：菜单栏、主工具栏、工具箱、时间轴、场景和舞台、【属性】面板以及【浮动】面板，如图 1-16 所示。

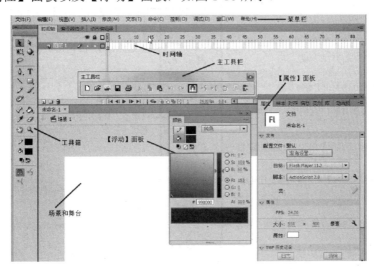

图 1-16　Flash CS6 操作界面

1. 菜单栏

Flash CS6 的菜单栏依次分为【文件】、【编辑】、【视图】、【插入】、【修改】、【文本】、【命令】、【控制】、【调试】、【窗口】及【帮助】11 个菜单项，如图 1-17 所示。

图 1-17　Flash CS6 菜单栏

2. 主工具栏

Flash CS6 将一些常用命令以按钮的形式置于操作界面上方。主工具栏依次分为【新建】、

【打开】、【转到 Bridge】、【保存】、【打印】、【剪切】、【复制】、【粘贴】、【撤销】、【重做】、【贴紧至对象】、【平滑】、【伸直】、【旋转与倾斜】、【缩放】、【对齐】16 个工具按钮，如图 1-18 所示。

图 1-18　Flash CS6 主工具栏

3. 工具箱

工具箱提供了图形绘制和编辑的各种工具，分为"工具""查看""颜色""选项"4 个功能区。图 1-19 所示是主要工具介绍。

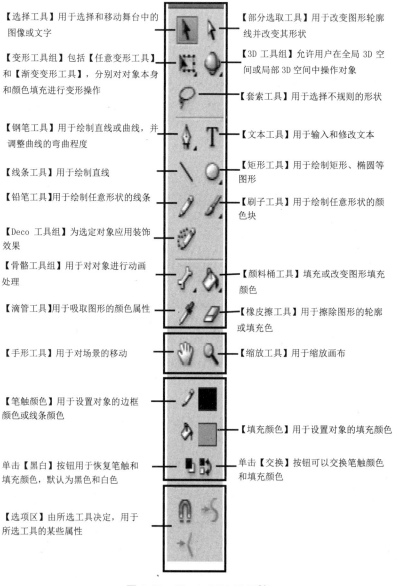

图 1-19　Flash CS6 工具箱

4. 【时间轴】面板

时间轴由图层、帧和播放头组成，用于组织和控制文件内容在一定时间内播放。按照功能的不同，【时间轴】面板分为左、右两部分，分别为层控制区和时间轴控制区，如图 1-20 所示。

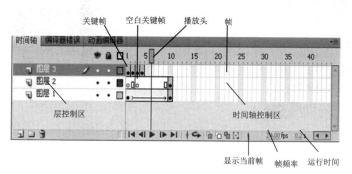

图 1-20　Flash 时间轴

5. 【属性】面板

【属性】面板是指根据当前选定的工具，或者当前操作的对象，显示与其相应的属性值。对于正在使用的工具或资源，使用【属性】面板，可以很容易地查看和更改它们的属性，从而简化文档的创建过程。当选定单个对象时，如文本、组件、形状、位图、视频、组、帧等，【属性】面板可以显示相应的信息和设置，如图 1-21 所示。

6. 场景面板

在 Flash 中使用"场景"来组织影片，如果影片包含若干个场景，那么这些场景会按照在场景面板中的排列顺序依次回放。

场景是所有动画元素的最大活动空间，如图 1-22 所示。像多幕剧一样，场景可以不止一个。要查看特定场景，可以选择【视图】→【转到】菜单命令，再从其子菜单中选择场景的名称。场景也就是常说的舞台，是编辑和播放动画的矩形区域。在舞台上可以放置和编辑插图、文本框、按钮、导入的位图图形、视频剪辑等对象。舞台包括大小、颜色等设置。

图 1-21　【属性】面板

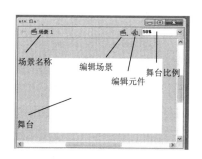

图 1-22　场景面板

7. 其他面板

(1) 【颜色】面板：用来设定笔触与填充色，如图 1-23 所示。

(2) 【样本】面板：包括样本色彩库和渐变色彩库，如图 1-24 所示。

图 1-23　【颜色】面板

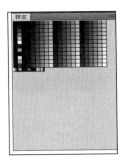

图 1-24　【样本】面板

(3) 【库】面板：创建动画前，需要先建立动画中的元件，通过【库】面板可以对元件进行管理，如图 1-25 所示。

(4) 【信息】面板：该面板具有显示对象长宽、位置以及鼠标所指对象的颜色属性和位置坐标等功能，如图 1-26 所示。

图 1-25　【库】面板

图 1-26　【信息】面板

(5) 【对齐】面板：该面板具有对齐对象、均匀分布对象、调整对象大小间隔等功能，如图 1-27 所示。

(6) 【变形】面板：该面板具有旋转、倾斜等功能，如图 1-28 所示。

图 1-27　【对齐】面板

图 1-28　【变形】面板

三、Flash CS6 文档的基本操作

1. 新建 Flash 文档

(1) 创建空白文档。选择【文件】→【新建】菜单命令，打开【新建文档】对话框，如图 1-29 所示，在【常规】选项卡的【类型】列表框中选择需要创建的新文档类型。单击【确定】按钮即可创建一个新文档。

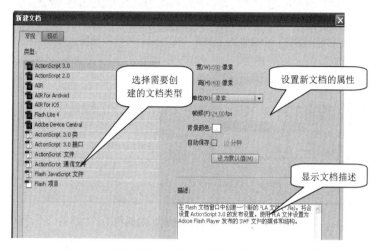

图 1-29 【新建文档】对话框

(2) 从模板创建文档。打开【新建文档】对话框，切换到【模板】选项卡，此时对话框转换为【从模板新建】对话框，在该对话框的【类别】列表框中选择需要使用的模板类别，在【模板】列表框中选择需要使用的模板类型，单击【确定】按钮即可使用该模板创建新文档，如图 1-30 所示。

图 1-30 【从模板新建】对话框

2. 设置文档属性

在默认情况下，新建 ActionScript 或 AIR 类型文档的舞台大小是 550 像素×400 像素，舞台背景色为白色。实际上，用户可以根据需要对新文档的属性进行设置。选择【修改】→

【文档】菜单命令，在打开的【文档设置】对话框中设置文档属性，如图 1-31 所示。

3. 文档的保存

（1）文档的保存。用户创建新文档后，如果是第一次保存，在选择【文件】→【保存】菜单命令时，Flash 将打开【另存为】对话框，如图 1-32 所示。用户可以使用该对话框设置动画文件保存的位置和文件名。完成设置后单击【保存】按钮，文档即被保存。

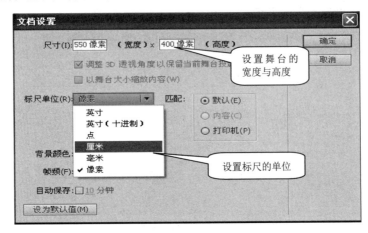

图 1-31　【文档设置】对话框

（2）将文档保存为模板。Flash 允许将文档保存为模板。选择【文件】→【另存为模板】菜单命令，弹出【另存为模板警告】对话框，单击【另存为模板】按钮，打开【另存为模板】对话框，如图 1-33 所示。在该对话框的【名称】文本框中输入模板的名称，在【类别】下拉列表框中选择模板类型，在【描述】列表框中输入对模板的描述。完成设置后单击【保存】按钮，即可将动画以模板的形式保存下来。

 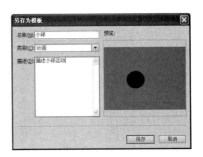

图 1-32　【另存为】对话框　　　　　　　图 1-33　【另存为模板】对话框

4. 打开和关闭文档

（1）打开文档。启动 Flash CS6 后，选择【文件】→【打开】菜单命令，打开【打开】对话框，如图 1-34 所示。在该对话框中选择需要打开的文件，单击【打开】按钮即可在 Flash 中打开该文件。

（2）关闭文档。在 Flash CS6 中，文档在程序界面中以选项卡的形式打开，单击文档标签上的【关闭】按钮，可以关闭该文档，如图 1-35 所示。

图 1-34 【打开】对话框

图 1-35 关闭文档

四、Flash 动画的测试与发布

1. 预览与测试 Flash 动画

要预览和测试动画，可以选择【控制】→【测试影片】→【测试】菜单命令，或直接按 Ctrl+Enter 组合键，即可在 Flash 播放器中预览动画效果，如图 1-36 所示。

选择【窗口】→【工具栏】→【控制器】菜单命令，打开【控制器】面板，单击其中的【播放】按钮，动画将在舞台上播放。通过【控制器】面板上的按钮，可以对动画播放进行控制。例如，单击【前进一帧】按钮，可以对动画向前进行逐帧播放。单击【转到最后一帧】按钮，可以使播放头跳到动画的最后一帧，如图 1-37 所示。

图 1-36 预览动画

图 1-37 【控制器】面板

2. Flash 文件的导出

选择【文件】→【导出】→【导出影片】菜单命令，打开【导出影片】对话框。在该对话框中选择文件的保存路径并设置导出文件的文件名，然后将导出文件的类型设置为【SWF 影片(*.swf)】，完成设置后单击【保存】按钮，即可将作品导出为 Flash 影片文件，如图 1-38 所示。

3. Flash 文件的发布设置

Flash 文件能够导出为多种格式，为了提高制作效率，避免在每次发布时都进行设置，可以选择【文件】→【发布设置】命令或按 Ctrl+Shift+F12 组合键，在打开的【发布设置】对话框中对需要发布的格式进行设置。以后只需要直接选择【文件】→【发布】命令即可按照设置将文件导出发布，如图 1-39 所示。

图 1-38 【导出影片】对话框

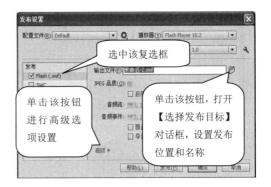

图 1-39 【发布设置】对话框

任务实践

在了解了软件的界面构成和 Flash CS6 软件的基本操作之后，可以自己来创建一个 Flash 动画文档并进行导出测试。具体操作步骤如下。

(1) 选择【文件】→【新建】命令，快捷键是 Ctrl+N，弹出【新建文档】对话框。

(2) 在【新建文档】对话框中，选择文件类型 ActionScript 3.0，单击【确定】按钮。

(3) 单击屏幕右上角的【基本功能】下拉按钮，在打开的下拉列表中选择【传统】选项，此步骤将配置 Flash Professional 中的面板布局，如图 1-40 所示。

(4) 在操作界面右侧的【属性】面板中可以查看该文件的舞台属性(【属性】面板默认情况下靠工作区右侧垂直放置，【大小】属性显示当前舞台大小，背景色为白色)。单击【大小】属性中的相应数值，将舞台大小修改为 400 像素×300 像素，单击【舞台】色块，在弹出的色板中选择蓝色(#0066FF)，更改舞台颜色为蓝色，如图 1-41 所示。

图 1-40 配置工作区布局

图 1-41 【属性】面板

> **知识链接：** 在 Flash 影片中，舞台的背景色可通过选择【修改】→【文档】命令进行设置，也可以选择舞台，然后在【属性】面板中修改舞台颜色。当发布影片时，Flash Professional 会将 HTML 页面的背景色设置为与舞台背景色相同的颜色。

(5) 在舞台上添加对象。

利用文字工具在舞台上输入文字"我的第一个 Flash！"，文字的颜色和大小为系统默认，如图 1-42 所示。

图 1-42　输入文字

(6) 选择【文件】→【保存】命令，弹出【另存为】对话框，选择存储位置"F:\flash 教材\项目一"，将文件命名为"我的第一个 Flash.fla"，然后单击【保存】按钮。

(7) 按 Ctrl+Enter 组合键测试 Flash 影片，效果如图 1-43 所示。

(8) 选择【文件】→【导出】→【导出影片】命令或按 Ctrl+Alt+Shift+S 组合键，打开【导出影片】对话框，设置导出位置为"F:\flash 教材\项目一"，名称为"我的第一个 Flash"，然后单击【保存】按钮。在导出位置就会出现影片，如图 1-44 所示。可以通过 Flash Player 打开观看。

图 1-43　测试影片效果

图 1-44　导出影片后文件夹中的内容

上机实训　创建一个包含圆的 Flash 文档

【实训背景】

接触 Flash CS6 软件之后，要求学生会创建简单的 Flash 动画文档。

【实训内容和要求】

创建一个 Flash 文档，名称为"圆"，大小为 300 像素×200 像素，场景颜色为紫红色(#990000)，在场景中绘制一个蓝色(#0000FF)的圆形，测试并导出。

上机实训.mp4

【实训步骤】

(1) 打开 Flash CS6 软件，单击屏幕右上角的【基本功能】下拉按钮，在打开的下拉列表中选择【传统】选项，此步骤将配置 Flash Professional 中的面板布局，如图 1-45 所示。

(2) 在【新建文档】对话框中选择文件类型 ActionScript 3.0，进入 Flash CS6 操作界面，如图 1-46 所示。

图 1-45　Flash 面板布局

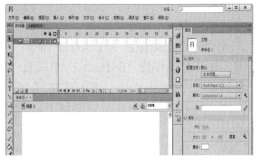
图 1-46　Flash 操作界面

(3) 在操作界面右侧的【属性】面板中查看该文件的舞台属性，如图 1-47 所示。在【属性】面板中，显示当前舞台大小为 550 像素×400 像素，背景色为白色。单击【大小】属性中的相应数值，将场景大小修改为 300 像素×200 像素，如图 1-48 所示。单击【舞台】色块，在打开的色板中选择紫红色(#990000)，更改舞台颜色，如图 1-49 所示。设置后的舞台效果如图 1-50 所示。

图 1-47　【属性】面板

图 1-48　修改舞台大小

(4) 选择工具箱中的【椭圆工具】，如图 1-51 所示。将填充颜色修改为蓝色(#0000FF)，如图 1-52 所示。在舞台上按住 Shift 键绘制一个圆形，如图 1-53 所示。

(5) 选择【文件】→【保存】命令，弹出【另存为】对话框，选择存储位置"F:\flash 教材\项目一"，将文件命名为"圆.fla"，然后单击【保存】按钮。

(6) 按 Ctrl+Enter 组合键测试 Flash 影片。

(7) 选择【文件】→【导出】→【导出影片】命令，在【导出影片】对话框中设置保存的位置为"F:\flash 教材\项目一"，然后在导出位置就会出现影片，可以通过 Flash Player 打开观看。

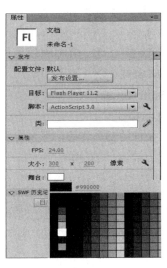 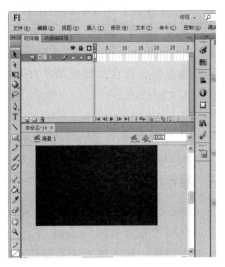

图 1-49　修改舞台颜色　　　　　　图 1-50　设置后的舞台效果

图 1-51　选中椭圆工具　　图 1-52　修改填充颜色　　图 1-53　绘制圆形

【实训素材】

实例文件存储于"网络资源\源文件\项目一\圆.fla"中。

习　　题

一、选择题

1. 制作 Flash 动画时，保存的源文件扩展名以及发布后可以嵌入网页的文件扩展名分别是(　　)。

A. .fla、.swf　　　　B. .mov、.fla　　　　C. .swf、.mov　　　　D. .cdr、.mov

2. Flash CS6 无法将动画导出为(　　)格式的文件。

A. .jpg　　　　　　B. .png　　　　　　C. .avi　　　　　　D. .Ai

3. 在 Flash 中如果想要测试完整的互动功能和动画功能，应选择(　　)。

A.【控制】→【循环播放】命令　　　B.【控制】→【启用简单按钮】命令

C. 【控制】→【测试影片】命令　　　D. 【控制】→【播放】命令

4. 在【信息】面板中，可以查看选定实例的(　　)。
   A. 位置和大小　　B. 名称和颜色　　C. 大小和类型　　D. 名称和位置
5. 要直接在舞台上预览动画效果，应该按(　　)组合键。
   A. Ctrl+Enter　　　　　　　　　B. Ctrl+Shift+Enter
   C. Enter　　　　　　　　　　　　D. Ctrl+Alt+Enter
6. 在 Flash CS6 的默认情况下，如果要输出一个 1 分钟的动画作品，那么需要(　　)帧。
   A. 360　　　　B. 7200　　　　C. 1440　　　　D. 144

二、填空题

1. 在 Flash CS6 程序窗口中，对动画内容进行编辑的整个区域称为_____，用户可以在整个区域内对对象进行编辑绘制。_____用于显示动画文件的内容，供用户对对象进行浏览、绘制和编辑，默认情况下为白色。

2. 【时间轴】面板是一个显示_____的面板，其用于控制和组织文档内容在一定时间内播放，同时可以控制影片的_____。

3. 将动画导出为 SWF 影片，可以选择_____命令打开【导出影片】对话框，同时在【保存类型】下拉列表框中选择_____选项。

三、思考题

1. Flash 动画的应用领域有哪些？
2. 简述 Flash 动画的制作流程。

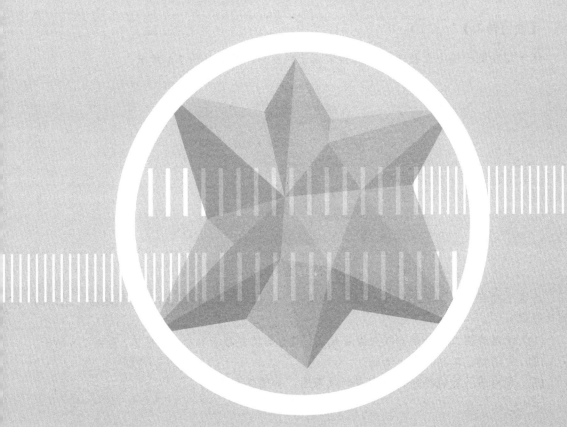

项目二

绘制多彩的世界

【项目导入】

张宁想绘制一幅小女孩手提花篮和拿扇子的图形,效果如图 2-1 所示。

图 2-1 效果图

在这个项目中,需要绘制 QQ 头像的扇子、花篮和小女孩,在搜集素材之后,张宁的制作步骤如下。

(1) 使用绘图工具绘制 QQ 头像和扇子,用图形填充扇子颜色,如图 2-2 和图 2-3 所示。
(2) 使用钢笔工具勾勒小女孩。
(3) 利用图层功能排列成所需要的效果图,如图 2-4 所示。

图 2-2 QQ 头像效果图　　　　图 2-3 扇子效果图　　　　图 2-4 最终效果图

【项目分析】

本项目主要通过 Flash CS6 工具箱中的绘图工具、任意变形工具、填充工具、【变形】面板、【属性】面板来绘制动画中所需要的素材,通过勾勒来实现角色原型的抠图效果,能够灵活应用这些工具绘制各种动画原型。

【能力目标】

- 利用 Flash CS6 绘制场景、勾勒原型。
- 进行颜色的设置与填充。

【知识目标】

- 掌握 Flash CS6 绘图工具的使用。
- 掌握 Flash CS6 的图层功能。

任务一 绘制 QQ 企鹅头像

知识储备

一、矩形工具和基本矩形工具

矩形工具和基本矩形工具主要用来绘制矩形、正方形和圆角矩形，单击工具箱中的【矩形工具】■或者【基本矩形工具】■按钮，在其【属性】面板中对将要绘制的图形进行设置，如图 2-5 所示。

矩形工具、颜色填充.mp4

将光标移动到舞台上，当光标变为十字形时，拖动鼠标即可根据【属性】面板中的设置绘制出需要的矩形。

1. 设置图形的位置和大小

在完成图形的绘制后，可以使用【属性】面板对图形的属性进行设置。在工具箱中选择【选择工具】■选中绘制的图形，在【属性】面板的【位置和大小】卷展栏中设置图形的位置以及宽和高。

2. 填充和笔触

Flash 中的每个图形都开始于一种形状，形状由两个部分组成，即填充和笔触。填充是形状里面的部分；笔触就是形状的轮廓线。填充和笔触是互相独立的，可以修改或删除一个而不影响另一个部分。可以通过【属性】面板中的【填充和笔触】卷展栏来对颜色、笔触的大小、笔触的样式进行设置，如图 2-6 所示。

图 2-5 矩形工具【属性】面板

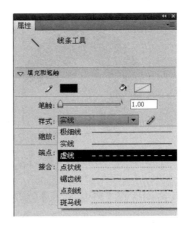

图 2-6 设置填充和笔触

二、椭圆工具和基本椭圆工具

【椭圆工具】和【基本椭圆工具】可以用来绘制椭圆形、圆形和圆环，其中【椭圆工具】还可以用来绘制任意圆弧。这两个工具绘制图形的操作与【矩形工具】和【基本矩形工具】基本相同。

1. 椭圆工具

在工具箱中选择【椭圆工具】 ，在【属性】面板中对工具属性进行设置，然后在舞台上拖动鼠标即可绘制出需要的图形，如图2-7所示。

2. 基本椭圆工具

在工具箱中选择【基本椭圆工具】 ，在【属性】面板中根据需要设置图形属性，在舞台上拖动鼠标即可绘制需要的图形。

在【属性】面板的【椭圆选项】卷展栏中，设置【开始角度】和【结束角度】的值可以获得扇形，如图2-8所示。

在【属性】面板的【椭圆选项】卷展栏中，设置【内径】值可以获得环形，如图2-9所示。

在【属性】面板的【椭圆选项】卷展栏中取消选中【闭合路径】复选框，则图形将不再封闭，此时可以获得弧形，如图2-10所示。

图2-7 椭圆工具【属性】面板

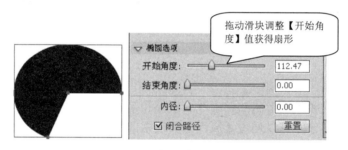

图2-8 设置扇形属性

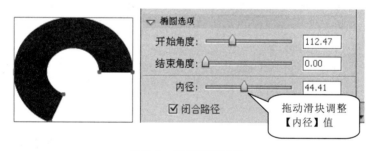

图2-9 设置环形属性

在工具箱中选择【选择工具】 ，拖动图形上的控制柄，可以对图形的形状进行修改。

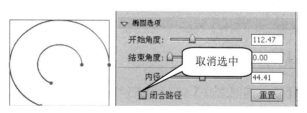

图2-10 设置弧形属性

三、填充颜色

Flash 中的图形由笔触和填充两部分构成，因此，矢量图形的颜色实际上包括笔触颜色和填充颜色两个部分。对图形进行纯色填充一般需要先创建纯色，然后再使用 Flash 的填充工具来对图形应用创建的颜色。创建颜色可以在 Flash 的【调色板】、【样本】面板和【颜色】面板中进行，而对笔触填充纯色可以使用【墨水瓶工具】，对图形填充颜色可以使用【颜料桶工具】。

1．墨水瓶工具

【墨水瓶工具】用于以当前笔触方式对矢量图形进行描边，改变矢量线段、曲线或图形轮廓的属性。该工具不仅能够改变图形笔触的颜色，还可以更改笔触的高度和样式。

2．颜料桶工具

【颜料桶工具】用于使用当前的填充方式对对象进行填充，该工具可以进行纯色填充，也可以实现渐变填充和位图填充。【颜料桶工具】的使用方法和【墨水瓶工具】相似，在工具箱中选择该工具后，在【属性】面板或【颜色】面板中对颜色进行设置，在图形中单击即可将颜色填充到图形中。

3．滴管工具

在对图形进行颜色填充时，有时需要将一个图形中的颜色应用到另外的图形中，此时使用【滴管工具】可以快速实现这种相同颜色的复制操作。

4．【颜色】面板

如果需要创建缤纷的色彩，最好的工具就是使用【颜色】面板。选择【窗口】→【颜色】命令，打开【颜色】面板，可以通过设置选择图形的填充色或笔触颜色。

1) 线性渐变的调整

在图形中添加线性渐变效果后，在工具箱中选择【渐变变形工具】，此时，图形将会被含有控制柄的边框包围，拖动控制柄即可对渐变角度、方向和过渡强度进行调整，如图 2-11 所示。

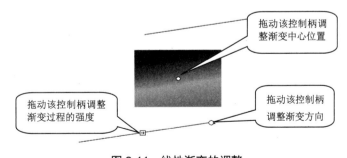

图 2-11 线性渐变的调整

2) 径向渐变的调整

在图形中创建径向渐变后，在工具箱中选择【渐变变形工具】。此时图形将被带有控制柄的圆框包围，拖动控制柄即可对渐变效果进行调整，如图 2-12 所示。

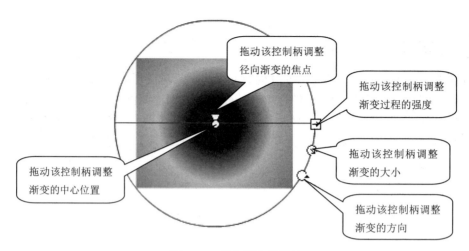

图 2-12 径向渐变的调整

3) 位图填充

对图形进行位图填充的方法与渐变填充类似，可以在【颜色】面板中选择位图填充并将其应用到图形上，如图 2-13 所示。

图 2-13 位图填充

任务实践

利用 Flash CS6 绘制 QQ 图像的步骤如下。

(1) 新建一个 Flash 文档，并设置文档属性。

(2) 选择工具箱中的【椭圆工具】，绘制出企鹅的头部和身体，以及眼睛、翅膀部分，然后利用【颜料桶工具】调整颜色，如图 2-14 所示。

qq 企鹅制作.mp4

(3) 利用【椭圆工具】或【刷子工具】绘制出围巾，并填充为红色；利用【矩形工具】绘制出围巾的下面部分，用【部分选取工具】进行调整，如图 2-15 所示。

(4) 将身体复制并放大点，放到身体的下面，制作阴影效果，如图 2-16 所示。

(5) 利用【椭圆工具】进行脚的绘制，并通过【颜料桶工具】填充颜色，效果如图 2-17 所示。

(6) 设置舞台背景为#999900 颜色，选择【文件】→【导出】→【导出图像】命令，在弹出的【导出图像】对话框中选择存储路径，设置名称为"QQ"，类型为 GIF，单击【保存】按钮，在弹出的【导出 GIF】对话框(见图 2-18)中保持默认设置，在存储路径位置就会出现 QQ.gif 图片。

图 2-14　绘制头部和身子　　图 2-15　绘制围巾　　图 2-16　绘制身子阴影效果　　图 2-17　绘制脚

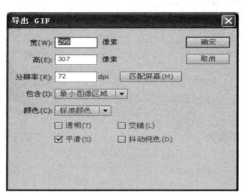

图 2-18　【导出 GIF】对话框

任务二　制 作 扇 子

知识储备

一、任意变形工具

1. 缩放和旋转

在工具箱中选择【任意变形工具】，在需要变形的对象上单击，对象即被含有控制柄的变形框包围，此时拖动位于变形框上的控制柄，可以对对象进行缩放操作，如图 2-19 所示。

任意变形工具.mp4

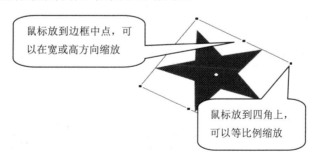

图 2-19　缩放和旋转

2. 倾斜变形

对象倾斜是将选择对象沿着一个或两个轴倾斜。选择【任意变形工具】并单击图形，将鼠标放置到变形框的上下边框上，鼠标指针变为 ⇌ 后，拖动鼠标即可实现对象的水平倾斜变形。将鼠标放到变形框的左右边框上，鼠标指针变为 ↕ 后，拖动鼠标即可实现对象的垂直倾斜变形，如图 2-20 所示。

3. 扭曲变形

在使用【任意变形工具】时，在工具选项栏中单击【扭曲】按钮或选择【修改】→【变形】→【扭曲】命令，此时拖动变形框上的控制柄即可实现对象的扭曲变形，如图 2-21 所示。

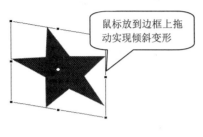
图 2-20 倾斜变形

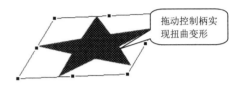
图 2-21 扭曲变形

二、选取工具

1. 选择工具

【选择工具】的作用是选择对象、移动对象、改变线条或对象轮廓的形状。在工具箱中选择【选择工具】，然后移动鼠标指针到直线的端点处，指针右下角变成直角状，如图 2-22 所示。这时拖动鼠标可以改变线条的方向和长短。将鼠标指针移动到线条上，指针右下角会变成弧线状，拖动鼠标即可将直线变成曲线，如图 2-23 和图 2-24 所示。

图 2-22 鼠标置于直线右端　　图 2-23 鼠标置于直线上　　图 2-24 鼠标拖动后变成曲线

知识链接：要利用【选择工具】把直线变成曲线，必须使线条处于打散分离状态。

2. 部分选取工具

【部分选取工具】的作用是对所选择的对象进行细致的调整。对于绘制的一个矩形，选择【部分选取工具】后，边框上会出现 4 个微调点，选中一个点后，可以拖动鼠标调整矩形框，如图 2-25 所示。

图 2-25 【部分选取工具】的使用

知识链接：使用【部分选取工具】选择点后，可以利用键盘上的方向键进行微调。

任务实践

(1) 选择【文件】→【新建】命令，在打开的【新建文档】对话框中选择 ActionScript 2.0 选项，其他保持默认设置，单击【确定】按钮。

(2) 制作扇骨元件。

① 选择【插入】→【新建元件】命令，打开【创建新元件】对话框，设置【名称】为"扇骨"、【类型】为【图形】，单击【确定】按钮，如图 2-26 所示。

扇子的制作.mp4

图 2-26 【创建新元件】对话框

② 选择【矩形工具】，设置笔触颜色为黑色(#000000)，填充颜色为棕色(#996666)，在场景中绘制一个宽 18、高 260 的矩形，如图 2-27 所示。选择【部分选取工具】，单击矩形上面的两个点，如图 2-28 所示。通过方向键进行收缩，调整后的图形如图 2-29 所示。

图 2-27 绘制矩形　　图 2-28 单击矩形上的两个点　　图 2-29 扇骨效果

③ 选中扇骨，单击【任意变形工具】，将"注册点"移到矩形的下方 1/4 处，如图 2-30 所示。单击【选择工具】，选择【窗口】→【变形】命令，打开【变形】面板，如图 2-31 所示。在【变形】面板的【旋转】处输入 15°，单击右下角的重置选区和变形 8 次，效果如图 2-32 所示。再通过【任意变形工具】转正，效果如图 2-33 所示。

(3) 制作扇面。

选择【插入】→【新建元件】命令，弹出【创建新元件】对话框，设置【名称】为"扇面"、【类型】为【图形】，在元件编辑工作区中，选取工具箱中的【椭圆工具】，设置笔触颜色为黑色，无填充颜色，按住 Shift 键开始画圆。

(4) 制作扇子。

① 选择【插入】→【新建元件】命令，弹出【创建新元件】对话框，设置【名称】为"扇子"、【类型】为【影片剪辑】，在元件编辑工作区中，选择【窗口】→【库】命令，打开【库】面板，把"扇骨"元件拖进来，新建一图层，将"扇面"元件拖进来，调整扇面和扇骨的位置，效果如图 2-34 所示。将扇面中的圆形复制一遍，缩小下移，两边用

线条封闭，效果如图 2-35 所示，将多余的部分删除，效果如图 2-36 所示。

图 2-30　移动注册点　　　　　　　　　　图 2-31　【变形】面板

图 2-32　重置选区和变形扇形效果　　　　　图 2-33　扇形效果

知识链接：绘制扇形也可以通过【钢笔工具】进行绘制。

图 2-34　效果图　　　图 2-35　圆形线条封闭　　　图 2-36　扇面效果

② 选择【窗口】→【颜色】命令，打开【颜色】面板，选择填充颜色，在右侧的下拉列表框中选择【位图填充】选项，找到填充的图片进行填充，效果如图 2-37 所示。

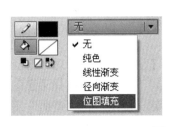

图 2-37　位图填充

③ 制作扇骨的阴影效果，如图 2-38 所示。
④ 将阴影效果拖入扇子元件中，对齐后的效果如图 2-39 所示。

图 2-38　制作扇骨的阴影效果　　　　　　图 2-39　扇子最终效果

⑤ 将扇子元件拖入场景中进行测试。
⑥ 保存 Flash 文档。
⑦ 选择【文件】→【导出】→【导出图像】命令，在弹出的对话框中选择存储路径，设置【名称】为"扇子"、【类型】为 PNG，单击【保存】按钮，在弹出的【导出 PNG】对话框中保持默认设置，导出透明图片，在存储路径位置就会出现"扇子.png"文件。

任务三　素材底图勾勒

> 知识储备

一、Flash CS6 图像素材

1. 矢量图形和位图图像

计算机是以矢量或位图格式显示图形的。使用 Flash CS6 可以创建压缩矢量图形并将它们制作成动画。Flash CS6 还可以导入和处理在其他应用程序中创建的矢量图形和位图图像。

图像素材和导入.mp4

1) 矢量图形

矢量图形使用直线和曲线(称为矢量)描述图像,这些矢量还包括颜色和位置属性。例如,树叶图像可以由创建树叶轮廓的线条所经过的点来描述。树叶的颜色由轮廓的颜色和轮廓所包围区域的颜色决定, 如图 2-40 所示。

在编辑矢量图形时，可以修改描述图形形状的线条和曲线的属性。可以对矢量图形进行移动、调整大小、改变形状以及更改颜色的操作，而不更改其外观品质。矢量图形与分辨率无关，它们可以显示在各种分辨率的输出设备上，而丝毫不影响品质。

2) 位图图像

位图图像(bitmap)，亦称点阵图像或绘制图像，由称作像素(图片元素)的单个点组成。这些点可以进行不同的排列和染色以构成图样。当放大位图时，可以看见构成整个图像的无数小方块。扩大位图尺寸的效果是增大单个像素，从而使线条和形状显得参差不齐。然而，如果从稍远的位置观看，位图图像的颜色和形状又是连续的。

例如，树叶的图像由网格中每个像素的特定位置和颜色值来描述，这是用非常类似于

镶嵌的方式来创建图像，如图 2-41 所示。在编辑位图图像时，修改的是像素而不是直线和曲线。位图图像跟分辨率有关，因为描述图像的数据是固定到特定尺寸的网格上的。编辑位图图像可以更改它的外观品质。特别是调整位图图像的大小会使图像的边缘出现锯齿，因为网格内的像素重新进行了分布。在比图像本身分辨率低的输出设备上显示位图图像时也会降低其品质。

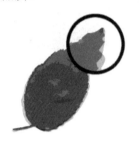
图 2-40　矢量图形中的线条

图 2-41　位图图形中的像素

提示：　借助 Flash CS6 绘画工具创建的线条和形状全都是轻型矢量图形，这有助于使 FLA 文件保持较小的文件体积。

2. Flash CS6 可以导入的图像素材格式

Flash CS6 可以导入各种文件格式的矢量图形和位图图像。矢量格式包括 FreeHand 文件、Adobe Illustrator 文件、EPS 文件或 PDF 文件。

- FreeHand 文件：在 Flash 中导入 FreeHand 文件时，可以保留层、文本块、库元件和页面，还可以选择要导入的页面范围。
- Adobe Illustrator 文件：此文件支持对曲线、线条样式和填充信息非常精确的转换。
- EPS 文件或 PDF 文件：可以导入任何版本的 EPS 文件以及 1.4 版本或更低版本的 PDF 文件。

位图格式包括 JPG、GIF、PNG、BMP 等格式。

- JPG 格式：是一种压缩格式，可以应用不同的压缩比例对文件进行压缩。压缩后，文件质量损失小，文件体积大大降低。
- GIF 格式：即位图交换格式，是一种 256 色的位图格式，压缩率略低于 JPG 格式。
- PNG 格式：能把位图文件压缩到极限以利于网络传输，能保留所有与位图品质有关的信息。PNG 格式支持透明位图。
- BMP 格式：在 Windows 环境下使用最为广泛，而且使用时最不容易出现问题。但由于文件体积较大，一般在网上传输时，不考虑该格式。

3. Flash CS6 导入图像素材的方法

Flash CS6 可以识别多种不同的位图和矢量图的文件格式，可以通过导入或粘贴的方法将素材引入 Flash CS6 中。

1) 导入到舞台

当导入位图到舞台上时，舞台上显示该位图，同时被保存在【库】面板中。

方法为：选择【文件】→【导入】→【导入到舞台】命令，如图 2-42 所示。打开【导入】对话框，如图 2-43 所示。在舞台上就会显示该位图，如图 2-44 所示。

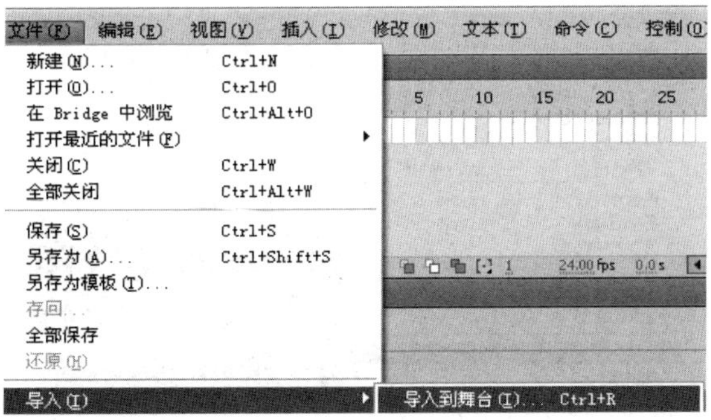

图 2-42 选择【导入到舞台】命令

图 2-43 【导入】对话框

2) 导入到库

当导入位图到【库】面板时,舞台上不显示该位图,只在【库】面板中进行显示。

方法为:选择【文件】→【导入】→【导入到库】命令,如图 2-45 所示。打开【导入到库】对话框,如图 2-46 所示。在舞台上不会显示该位图,但是在【库】面板中进行显示,如图 2-47 所示。

图 2-44 图片导入到舞台

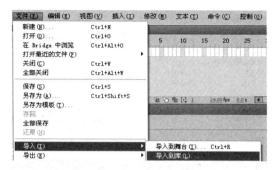

图 2-45 选择【导入到库】命令

图 2-46 【导入到库】对话框

图 2-47 图片导入【库】面板

二、钢笔工具的使用

1. 用【钢笔工具】绘制直线

选择【钢笔工具】 ，将光标放置在舞台上，选择起始位置，在直线的起点处单击，然后在另一处单击，在直线的终点处双击鼠标即可，如图 2-48 所示。

2. 用【钢笔工具】绘制曲线

选择【钢笔工具】，将光标放置在舞台上，选择起始位置，按住鼠标左键不放，此时出现一个锚点，并且钢笔光标变成箭头形状。然后释放鼠标，将鼠标放置在想要绘制的第二个锚点位置，并按住鼠标左键不放进行拖曳，直到出现需要的曲线，如图 2-49 所示。

图 2-48 绘制直线

图 2-49 绘制曲线

三、图层的使用

每个图层都包含一些舞台中的动画元素(如声音或action指令语句)，上面图层中的对象会遮盖下面图层中的对象。

图层操作.mp4

1. 图层区

在【时间轴】面板中，图层区的最上面有 3 个按钮。【显示或隐藏所有图层】按钮：用来控制图层中的元件是否可视；【锁定或解除锁定所有图层】按钮：单击该按钮后该图层被锁定，图层中所有的元件将不能被编辑；【将所有图层显示为轮廓】按钮：单击该按钮后图层中的元件只显示轮廓线，填充将被隐藏，方便编辑图层中的元件。

2. 图层的类型

(1) 普通层：图标是 ，放置各种动画元素。

(2) 引导层：图标是 ，使"被引导层"中的元件沿引导线运动，该层下的图层为被引导层。

(3) 遮罩层：图标是 ， 使被遮罩层中的动画元素只能透过遮罩层被看到，该层下的图层就是被遮罩层，层图标是 。

(4) 层文件夹：可以将多个图层放在一个文件夹中，图标是 。组织动画序列的组件和分离动画对象有两种状态： 是打开时的状态； 是关闭时的状态。

3. 创建图层

1) 创建普通图层

在【时间轴】面板左下角，单击【新建图层】按钮，在图层名称列表中将出现名为"图层 2"的图层对象。"图层 2"的绘制对象在"图层 1"的绘制对象上面，如图 2-50 所示。

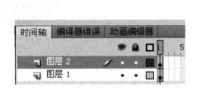

图 2-50　新建图层

2) 创建引导层

在【时间轴】面板中，右击"图层 2"图层，在弹出的快捷菜单中选择【添加传统运动引导层】命令，即可创建引导层，如图 2-51 所示。

3) 创建遮罩层

首先在【时间轴】面板中创建普通图层，然后右击所创建的普通图层，在弹出的快捷菜单中选择【遮罩层】命令，在图层名称列表中将出现转换完成的遮罩层。图 2-52 所示为创建遮罩层，图 2-53 所示为遮罩前效果，图 2-54 所示为遮罩后效果。

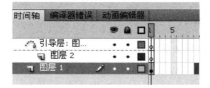

图 2-51 创建引导层

图 2-52 创建遮罩层

图 2-53 遮罩前效果　　　　　　　　图 2-54 遮罩后效果

> **提示：** 遮罩层相当于一个窗口，窗口的范围是遮罩层图形的边缘勾勒范围，被遮罩的图层通过窗口只能在该区域内显示。如果被遮罩的图层中图形不够大，无法占满遮罩层中的所有空间，将用背景色填充。

4. 更改图层名称

重命名图层的方法很简单，首先双击准备重命名的图层，此时图层名称呈现反白状态，输入更改的名称，按 Enter 键即可为图层重命名，如图 2-55 所示。

5. 更改图层顺序

改变图层顺序的方法也很简单，首先选中需准备移动的图层，按住鼠标左键的同时移动鼠标指针，将图层移动到需要摆放的位置，此时被移动的图层将以一条虚线表示，当图层被移动到需要放置的位置后释放鼠标左键，即可完成图层顺序的更改，如图 2-56 所示。

图 2-55　更改图层名称

图 2-56　更改图层顺序

任务实践

学习通过图片勾勒素材中的小女孩，其具体操作步骤如下。

(1) 新建一个 Flash CS6 文档，命名为"小女孩.fla"，参数设置为默认值。

小女孩抠图.mp4

(2) 选择【文件】→【导入】→【导入到库】命令，在弹出的对话框中选择"花与蝴蝶"与"花篮"图片，如图 2-57 所示。将图片导入到 Flash 库中，如图 2-58 所示。

图 2-57　【导入到库】对话框

图 2-58　【库】面板

(3) 将【库】面板中的"花与蝴蝶"图片拖入舞台中，右击并在弹出的快捷菜单中选择【分离】命令，如图 2-59 所示。

图 2-59　图片分离

(4) 单击工具箱中的【钢笔工具】，对小女孩的帽子进行轮廓线条的选择，如图 2-60

所示。

(5) 利用【选择工具】调整贴近帽子的轮廓，如图2-61所示。

图2-60　进行线条选择　　　　　　　　图2-61　调整线条

(6) 选取帽子对象，右击，在弹出的快捷菜单中选择【转换为元件】命令，如图2-62所示。

(7) 打开【转换为元件】对话框，设置【名称】为"帽子"、【类型】为【图形】，如图2-63所示。选取之后效果如图2-64所示。

(8) 按照上面的步骤对小女孩的脸、裙子、头发、胳膊和手、腿进行选取，效果如图2-65～图2-69所示。

图2-62　选择【转换为元件】命令　　　图2-63　【转换为元件】对话框

图2-64　"帽子"元件　　　　　　　　　图2-65　"脸"元件

图 2-66　"裙子"元件

图 2-67　"头发"元件

图 2-68　"胳膊和手"元件

图 2-69　"腿"元件

(9) 将【库】面板中的各部分元件进行组合,在"右手"图层上添加一个图层,设置名称为"扇子",将任务二中制作的扇子图片"扇子.png"导入进来,并设置其大小和位置,完成小女孩的整体设计效果,最后保存为"小女孩.fla"。时间轴效果如图 2-70 所示,舞台效果如图 2-71 所示。

图 2-70　时间轴效果

图 2-71　舞台效果

(10) 用导出图片的方法导出"小女孩.png"透明图片。

上机实训　风景图的绘制

【实训背景】

通过前面所学知识绘制一幅风景图，并将本章 3 个任务制作的图片包含进来。

【实训内容和要求】

本次上机实训主要绘制风景背景图形，并将前面 3 个任务中制作的图片应用到风景中，制作成一幅完整的风景图。利用绘图工具制作天空、草地、花草、山水，并利用变形工具进行对象的变形，利用填充工具进行对象的颜色设置，利用多个图层制作完整的风景图。

【实训步骤】

(1) 打开 Flash CS6 软件新建文档，如图 2-72 所示，属性设置保持默认。设置保存名称为"风景"，如图 2-73 所示。

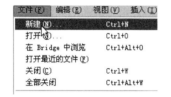

图 2-72　选择【新建】命令

图 2-73　场景名称

(2) 选择【矩形工具】，笔触颜色随意、无填充颜色，绘制 550 像素×400 像素的边框，垂直水平都设置为居中。利用【直线工具】在边框内绘制草地轮廓及草地与天空的分界线，再用【选择工具】调整成弧线。

(3) 在草地区域内用径向渐变的绿色填充，如图 2-74 所示。在天空区域内用径向渐变的蓝色填充(左色标：#cccccc，中色标：#27D9FD，右色标：#ddf9ff)，再用填充变形工具调整图形，如图 2-75 所示。

图 2-74　草地填充

图 2-75　天空填充

(4) 将边框线条去掉，天空草地的效果如图 2-76 所示。

图 2-76 天空草地的效果

(5) 绘制 "草" 元件。

① 选择【插入】→【新建元件】命令,如图 2-77 所示。打开【创建新元件】对话框,如图 2-78 所示。设置【名称】为 "草"、【类型】为【图形】,单击【确定】按钮。在元件编辑区中,选择【钢笔工具】,设置笔触颜色随意,填充色为径向渐变(左色标:00D915,右色标:3E2DB),绘制一个三角形。用【选择工具】调整成草的形状,如图 2-79 所示。

② 用同样的方法插入新图形元件 "草丛",在元件编辑工作区中将元件 "草" 多次拖入工作区,将边框颜色去掉,用【任意变形工具】调整为草丛的形状,如图 2-80 所示。

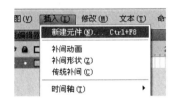

图 2-77 选择【新建元件】命令

图 2-78 【创建新元件】对话框

图 2-79 绘制草形状

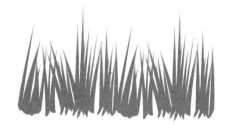

图 2-80 "草丛" 元件

(6) 绘制 "花" 元件。

① 插入新建元件。设置【名称】为 "花1"、【类型】为【图形】。在 "图层 1" (改名为 "花") 中,设置【椭圆工具】的笔触颜色随意,无填充颜色,绘制一个椭圆。用【选择工具】调整成花瓣状,如图 2-81 所示。再用【任意变形工具】将花瓣的注册点移至下端,在【变形】面板中旋转 60°,复制并变形 5 次,再填充径向渐变颜色(左色标:#CC338F,右色标:#F9CAE2),分别为 6 个花瓣填充颜色,并用填充变形工具调整花朵,删除边线后效果如图 2-82 所示。

② 再用【椭圆工具】绘制花蕊,填充径向渐变颜色(左色标:#B8DA2E,右色标:#B0E85B),用【刷子工具】绘制花蕊的形状,如图 2-83 所示。

图 2-81　绘制"花 1"花瓣　　　　　　图 2-82　绘制"花 1"花朵

③ 插入新建元件。设置【名称】为"绿叶"。用【钢笔工具】绘制一个椭圆,并用【选择工具】进行调整、分离,填充元件为绿色,如图 2-84 所示。

④ 进入"花 1"元件编辑区,新建"图层 2"(改名"花茎"),用【刷子工具】绘制花茎的形状,将绿叶元件拖进来,然后通过【任意变形工具】进行调整,效果如图 2-85 所示。

图 2-83　绘制"花 1"花蕊　　图 2-84　绘制绿叶　　图 2-85　绘制"花 1"

⑤ 插入一个新建元件,设置【名称】为"花 2"、【类型】为【图形】。在"图层 1"(改名为"花")中,设置【钢笔工具】的笔触颜色随意,无填充色,绘制一个三角形,然后用【选择工具】调整成花瓣形状,如图 2-86 所示。再用【任意变形工具】将花瓣的注册点移至下端,在【变形】面板中单击【约束】按钮,使其变为锁链形式,将形状旋转 72°,复制并变形 4 次,如图 2-87 所示。

图 2-86　绘制花瓣形状　　　　　　图 2-87　绘制"花 2"

⑥ 利用径向填充填充渐变颜色(从左到右排列色标为:#FFE7C4,#FFCC66,#FF6600,#FFCC66)。然后去掉边框并调整渐变,在花心部位随意绘制几条纹路,再加上花蕊,如图 2-88 所示。

⑦ 加上花茎和绿叶,"花 2"效果如图 2-89 所示。

(7) 绘制"花蕾"元件。

① 插入一个新建元件,设置【名称】为"花蕾"、【类型】为【图形】。在"图层 1"

(改名为"花蕾")中绘制一个椭圆,调整成如图 2-90 所示的形状,填充径向渐变颜色(从左到右色标依次为:#FFE7C4,#FFCC66,#FF6600,#FFCC66),效果如图 2-91 所示。

图 2-88 "花 2"花朵

图 2-89 "花 2"效果

② 新建"图层 2"(改名为"花脉"),用【直线工具】绘制几条花脉,色标为#FFCC66,如图 2-92 所示。

③ 新建"图层 3"(改名为"花柄"),用【钢笔工具】绘制图形,调整成图示形状,色标为#006600,如图 2-93 所示。

  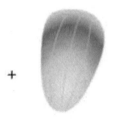 

图 2-90 "花蕾"形状　　图 2-91 填充效果　　图 2-92 花脉效果　　图 2-93 花柄效果

④ 把"花蕾"元件多次复制,并选择对象进行分离,修改填充颜色,如图 2-94 所示。

(8) 绘制"云彩"元件。

在元件编辑工作区中用铅笔工具绘制云彩形状,填充色设置为默认,如图 2-95 所示。

图 2-94 复制并修改多个"花蕾"　　　　图 2-95 "云彩"元件

(9) 绘制"山"元件。

用【铅笔工具】绘制山形状,并填充为深绿色,如图 2-96 所示。

(10) 绘制"栅栏"元件。

用【矩形工具】和【直线工具】绘制如图 2-97 所示的栅栏形状。

(11) 绘制"太阳"元件。

用【椭圆工具】绘制一个圆形,填充径向渐变颜色(从左往右色标为:#FFEC66,#FFD972,#FFFFFF,透明度为 30%)。

图 2-96 "山"元件

图 2-97 "栅栏"元件

(12) 元件组合。

① 将"图层 1"改名为"背景"。

② 插入"图层 2",改名为"草",从【库】面板中把刚才绘制好的草丛元件拖入,如图 2-98 所示。

③ 插入"图层 3",改名为"花",从【库】面板中把刚才绘制好的各个花图形元件拖入,调整大小并摆放在适当的位置,花可以根据需要多复制几个,效果如图 2-99 所示。

图 2-98 拖入"草"元件

图 2-99 拖入"花"元件

④ 插入"图层 4",改名为"云彩",从【库】面板中把刚才绘制好的云彩图形元件拖入,调整大小并摆放在适当的位置,如图 2-100 所示。

⑤ 插入"图层 5",改名为"山",从【库】面板中把刚才绘制好的山图形元件拖入,调整大小并摆放在适当的位置,如图 2-101 所示。

图 2-100 拖入"云彩"元件

图 2-101 拖入"山"元件

⑥ 插入"图层 6",改名为"太阳",从【库】面板中把刚才绘制好的太阳图形元件拖入,调整大小并摆放在适当的位置,并在其【属性】面板中选择【滤镜】选项,进行模糊和发光设置,如图 2-102 所示。

⑦ 插入"图层 7",改名为"栅栏",从【库】面板中把刚才绘制好的栅栏图形元件

拖入，调整大小并摆放在适当的位置。将文档另存为"花草.fla"，以供后面项目使用。

图 2-102 滤镜设置

⑧ 选择【文件】→【导入】→【导入到库】命令，在弹出的对话框中将 qq.png、"小女孩.png"图片导入到库中，并添加图层 qq 和"小女孩"，根据实际效果调整各个图层的顺序，测试后保存为"小女孩风景.fla"。时间轴如图 2-103 所示，场景的最终效果如图 2-104 所示。

图 2-103 时间轴效果

图 2-104 场景效果

【实训素材】

实例文件存储于"网络资源\源文件\项目二\风景图.fla"中。

习　　题

一、选择题

1. 选择工具箱中的【线条工具】，按住 Shift 键绘制水平或垂直方向的直线，也可以绘制以(　　)为角度增量倍数的直线。

　　A. 45° 　　　　　　B. 30° 　　　　　　C. 15° 　　　　　　D. 60°

2. 下列对于绘图工具的表述错误的是(　　)。

　　A. 在 Flash CS6 中，【铅笔工具】常用于绘制任意线条

　　B. 【刷子工具】通常用于绘制形态各异的矢量色块或创建特殊的绘制效果

　　C. 【钢笔工具】常用于绘制比较复杂、精确的曲线

　　D. 在 Flash CS6 中，【线条工具】常用于绘制任意线条

3. 下列对于【墨水瓶工具】的使用表述正确的是(   )。
   A. 在 Flash CS6 中，使用【墨水瓶工具】只能改变直线或形状轮廓的颜色，还可以对直线或形状轮廓应用渐变或位图
   B. 在 Flash CS6 中，使用【墨水瓶工具】只能改变直线或形状轮廓的颜色，不可以对直线或形状轮廓应用渐变或位图
   C. 在 Flash CS6 中，使用【墨水瓶工具】不能改变直线或形状轮廓的颜色，也不能对直线或形状轮廓应用渐变或位图
   D. 以上都不正确
4. 选中对象的同时按住(   )键，可以复制并移动对象副本。
   A. Tab   B. Alt   C. Ctrl   D. Shift
5. 使用键盘上的方向键移动对象时，按方向键的同时按住(   )键，可使对象一次移动 10 个像素的位置。
   A. Tab   B. Alt   C. Ctrl   D. Shift
6. 在使用【矩形工具】绘制正方形时，可以按(   )键拖动鼠标。
   A. Ctrl   B. Alt   C. Shift   D. Ctrl+Shift
7. 下面(   )工具是 Deco 工具。
   A. ✏   B. 🖋   C. 🖌   D. 🖍
8. 【滴管工具】✏ 可以提取某些对象的属性，例如颜色、线型等。下列选项中，不能被提取的对象属性是(   )。
   A. 填充区域的颜色   B. 线条的颜色
   C. 组合对象的颜色   D. 线条的宽度
9. 下列关于【钢笔工具】的作用描述错误的是(   )。
   A. 使用【钢笔工具】可以创建直线或曲线段
   B. 使用【钢笔工具】可以调整直线段的角度、长度以及曲线段的斜率
   C. 使用【钢笔工具】可以将曲线转换为直线，反之不可
   D. 使用【钢笔工具】可以显示并调整其他 Flash 绘画工具创建的形状
10. 如图 2-105 所示，将左图更换为右图所示的位图背景，最快捷的方法是(   )。

图 2-105　改变背景

A. 使用【套索工具】选项中的魔术棒，选择背景后删除
B. 使用【套索工具】选择背景后删除
C. 使用【套索工具】选项中的多边形模式，选择背景后删除
D. 使用 Ctrl+B 组合键分离图像后，将背景删除

二、填空题

1. 在 Flash 中，绘制矩形可以使用的工具是_____或_____，绘制椭圆可以使用的工具是_____或_____。

2. 使用 _____面板可以复制、删除调色板中的颜色，使用_____面板可以调整渐变填充和位图填充。

3. 渐变分为_____和_____。沿垂直或水平方向进行过渡的渐变称为_____；从一个轴心向外侧边，沿同心圆进行分布的渐变称为_____。

4. 如图 2-106 所示，将左图颜色属性复制到右图，需要使用的工具是_____。

图 2-106 复制颜色

三、思考题

1. 使用图形工具绘制如图 2-107 所示的图像，在图中用到了哪些工具？它们的功能是什么？

2. 如图 2-108 所示的机器人主要是以矩形、椭圆和线条组合而成的，描述其使用工具及功能。

图 2-107 花图形

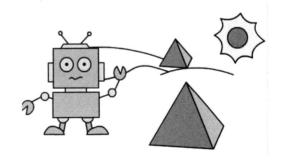

图 2-108 机器人图形

3. 如图 2-109 所示，要实现每个海豚逐个放大 20%，并以图中的弧度旋转 30°，描述其操作步骤。

图 2-109　海豚图形

项目三

制作"美丽校园"电子相册

【项目导入】

学生利用自己的手机或相机搜集了很多相片，最终制作一个"美丽校园"电子相册，效果如图 3-1 所示。

图 3-1　效果图

具体制作步骤如下。

(1) 为自己的电子相册搜集素材。

(2) 设计相册封面，通过单击封面右侧的上方图片按钮，可以实现校园景色的观看，从而展示美丽的校园，还可以单击下方的图片按钮，实现美丽校园的视频观看。

(3) 制作图片展示动画效果元件，如图 3-2 所示。

图 3-2　元件效果图

(4) 导入视频。

(5) 在主场景中进行组织，合并成"美丽校园"动画作品。

【项目分析】

本次项目主要通过逐帧动画、补间动画、遮罩动画来介绍基础动画的创建方法。

【能力目标】

- 能利用基础的动画制作方法创建图片的动态展示效果。
- 能利用按钮控制影片的播放。

【知识目标】

- 掌握逐帧动画、传统补间动画、传统补间形状动画的制作。

- 熟练掌握【对齐】面板的使用。
- 掌握【动作】面板中简单的停止、播放代码的应用。
- 掌握视频的转换和导入。

任务一　制作封面效果

> 知识储备

一、对象的线条类型绘制

1. 线条类型的绘制

选择工具箱中的【线条工具】，在舞台上绘制一条直线，如图 3-3 所示。选择【窗口】→【属性】命令，打开【属性】面板，如图 3-4 所示。在【属性】面板中可以设置直线的宽和高、线条的颜色、线条的粗细和线条的样式。如果要设置线条类型为虚线，则选择直线对象后，在【样式】下拉列表框中选择【虚线】选项即可，如图 3-5 所示。

线条的绘制、对齐面板.mp4

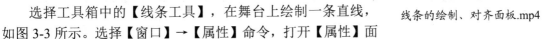

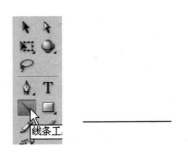

图 3-3　绘制直线　　　　　　　　图 3-4　【属性】面板

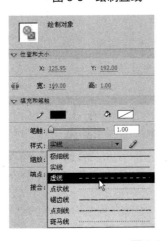

图 3-5　选择虚线后的线条效果

2. 对象边框类型的绘制

选择工具箱中的【矩形工具】(选择任意的绘制图形工具)，在舞台上绘制矩形，在【属性】面板中可以设置矩形的宽和高、矩形边框的颜色、矩形边框的粗细和边框线条的样式。如果要设置边框线条类型为点状线，则选择矩形对象后，在【样式】下拉列表框中选择【点状线】选项即可，如图3-6和图3-7所示。

图3-6 矩形对象

图3-7 边框线条效果

二、【对齐】面板的使用

选择【窗口】→【对齐】命令，打开【对齐】面板，该面板包括【对齐】、【分布】、【匹配大小】、【间隔】4个选项组。

1. 对齐对象

在【对齐】选项组中包含了6个按钮，左边3个按钮用于将对象在垂直方向上对齐，分别对应左对齐、水平对齐、右对齐；右边3个按钮用于对象在水平方向上对齐，分别对应顶对齐、垂直对齐、底对齐。如图3-8所示为在对齐前后的组合效果。

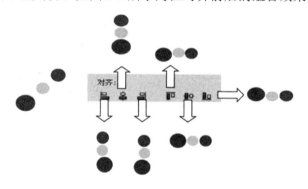
图3-8 对齐前后组合

2. 分布对象

在【对齐】面板中，【分布】选项组中提供了6个按钮，其中左边3个按钮用于对象在垂直方向的分布，右边3个按钮用于对象在水平方向的分布。【分布】选项组中的按钮可以将选择的对象在垂直方向或水平方向上均匀地分散。如图3-9所示为在分布前后的组合效果。

3. 匹配大小

【对齐】面板的【匹配大小】选项组中提供了3个按钮，这些按钮能够强制两个或多个大小不同的对象在宽度或高度上变得相同。如图 3-10 所示的组合对象在匹配大小后效果如图 3-11 所示。

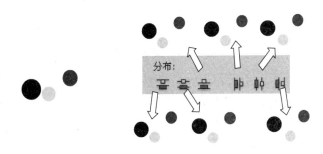

图 3-9　分布前后组合

图 3-10　匹配前组合　　　　　　　　　图 3-11　匹配后组合

4．调整间隔

【对齐】面板中的【间隔】选项组提供了两个按钮，它们用于使选择的对象在水平方向和垂直方向上均匀地分隔开。如图 3-12 所示的组合对象在调整间隔后效果如图 3-13 所示。

图 3-12　调整间隔前组合　　　　　　　图 3-13　调整间隔后组合

提示：如果选中【与舞台对齐】复选框，则对象会相对于舞台进行对齐，否则相对于对象的当前组合位置进行对齐。

任务实践

(1) 打开 Flash CS6，新建一个文档，命名为"相册.fla"。
(2) 制作"中缝线"元件。

① 插入一个新建元件，设置【名称】为"中缝"、【类型】为【影片剪辑】，单击【确定】按钮，进入影片剪辑编辑区。在编辑区中，用

封面的制作.mp4

【线条工具】绘制一条直线，利用【刷子工具】绘制两个端点的圆点。

② 利用【选择工具】将直线调整成曲线，如图 3-14 所示。

图 3-14　绘制中缝线

(3) 制作封面 1。

① 插入一个新建元件，设置【名称】为"封面 1"、【类型】为【影片剪辑】，单击【确定】按钮，进入影片剪辑编辑区。在舞台上利用【矩形工具】绘制一个宽为 230、高为 320 的矩形，使其相对于舞台水平垂直居中对齐。复制此矩形，将其宽改为 260、高改为 350，同样相对于舞台水平垂直居中对齐。

② 选择【窗口】→【颜色】命令，在打开的【颜色】面板中对两个矩形的相交部分进行颜色和线条填充。填充颜色设置为径向填充(左色标：EC35F3，右色标：FFFFFF)，线条颜色设置相同，如图 3-15 所示。同时设置其线条类型为点刻线，属性大小为 0.1，如图 3-16 所示。然后利用【墨水瓶工具】进行线条颜色的设置。

图 3-15　设置颜色

图 3-16　设置点刻线

③ 将图片导入到库。选择【文件】→【导入】→【导入到库】命令，打开【导入到库】对话框，选择美丽校园的所有图片，单击【打开】按钮，如图 3-17 所示。

图 3-17　【导入到库】对话框

④ 将图片 xy 拖入到矩形框中，调整其位置和大小、并在其矩形内部利用【文本工具】输入"美丽校园"和"——学院电子相册"，其效果如图 3-18 所示。

(4) 制作封面 2。

① 插入一个新建元件，设置【名称】为"封面 2"、【类型】为【影片剪辑】，单击【确定】按钮，进入影片剪辑编辑区。将"封面 1"元件拖进舞台中，选择【修改】→【分离】命令对元件进行分离，如图 3-19 所示。然后删掉其中的内容，删除后的边框效果如图 3-20 所示。

图 3-18　"封面 1"效果　　　图 3-19　选择【分离】命令　　　图 3-20　边框效果

② 将 xy2 和 xy5 图片拖入边框中，设置其大小为宽 220、高 140，调整位置后的效果如图 3-21 所示。

③ 单击 xy2 图片，选择【修改】→【转换为元件】命令，如图 3-22 所示。打开【转换为元件】对话框，设置【类型】为【按钮】、【名称】为"相册"，如图 3-23 所示。在其【属性】面板中更改实例名称为 xc，如图 3-24 所示。

图 3-21　封面 2 效果　　　　　　图 3-22　选择【转换为元件】命令

图 3-23　【转换为元件】对话框　　　图 3-24　设置实例名为 xc

④ 用相同的方式将 xy5 图片转换为按钮类型，设置【名称】为"视频"，在其【属性】面板中更改实例名称为 sp，如图 3-25 和图 3-26 所示。

图 3-25 转换为视频元件

图 3-26 设置实例名为 sp

(5) 完成封面制作。

① 进入场景,将场景的"图层 1"名称改为"封面",在第 1 帧中插入关键帧,将"封面 1"和"封面 2"影片剪辑拖入场景,效果如图 3-27 所示。

② 加入中缝线,将中缝元件拖进来,将其属性的宽改为 30,拖动到适当的位置,并对中缝元件多次复制以出现中缝效果,将中缝元件全部选中,并确定顶和底的中缝位置,如图 3-28 和图 3-29 所示。选择【窗口】→【对齐】命令,打开【对齐】面板,如图 3-30 所示,选中下方的【与舞台对齐】复选框和【水平中齐】按钮,如图 3-31 所示,选择后效果如图 3-32 所示。再取消选中【与舞台对齐】复选框,选中【垂直居中分布】按钮,如图 3-33 所示,选择后效果如图 3-34 所示。

图 3-27 封面效果

图 3-28 中缝线封面效果

图 3-29 确定顶底位置

图 3-30 【对齐】面板

图 3-31　选择与舞台对齐并设置水平中齐

图 3-32　对齐后的效果图

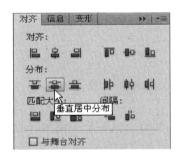

图 3-33　选择对齐方式

图 3-34　选择垂直居中分布后的效果图

任务二　制作相册动画效果

知识储备

一、时间轴与帧

1. 时间轴与帧的概念

在 Flash 中，合成动画的场所称为时间轴，时间轴是帧和图层操作的地方，用于组织和控制在一定时间内图层和帧中的内容。动画效果的好坏，决定于时间轴上帧的效果。而时间轴上的每一个影格则被称为帧，帧是 Flash 动画制作中最基本的单位。影片中的每个画面在 Flash 中都被称为帧，在各个帧上放置图形、文字、声音等各种素材或对象，多个帧按照先后次序以一定速率连续播放形成动画。在 Flash 中帧按照功能的不同，可以分为 3 种：关键帧、空白关键帧和普通帧。

时间轴与帧.mp4

2. 设置帧频

Flash 影片将播放时间分解为帧，用来设置动画运动的方式、播放的顺序及时间等。帧频是动画播放的速度，以每秒播放的帧数(即 fps)为单位。在动画播放时，帧频将影响动画播放的效果，如果帧频太小，动画播放将会不连贯，而帧频过大则会使动画画面的细节模糊。在默认情况下，Flash CS6 动画播放的帧频是 24fps，这个帧频能为 Web 播放提供最佳效果。

帧频的设置方法为：在菜单栏中选择【修改】→【文档】命令，打开【文档设置】对话框，在【帧频】文本框中可以设置帧的频率，如图 3-35 所示。

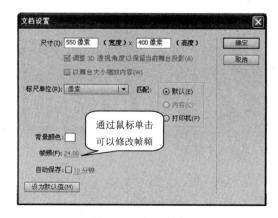

图 3-35　设置帧频

3．帧的符号

在时间轴上，不同的帧有不同的"帧序号"标识，常见的帧符号意义如下。

1) 关键帧

关键帧主要用于定义动画的主要变化环节，逐帧动画的每一帧都是关键帧。而补间动画在动画的重要点上创建关键帧，再由 Flash 自己创建关键帧之间的内容。实心圆点是有内容的关键帧，即实关键帧。而无内容的关键帧(即空白关键帧)则用空心圆表示。空白关键帧主要用于结束或间隔动画中的画面。

2) 普通帧

普通帧就是不起关键作用的帧，显示为一个个的单元格。无内容的帧是空白的单元格，有内容的帧显示出一定的颜色。不同的颜色代表不同类型的动画，如传统补间动画的帧显示为浅蓝色，形状补间动画的帧显示为浅绿色，而静止关键帧后的帧显示为灰色。关键帧后面的普通帧将继承该关键帧的内容。

3) 帧标签

帧标签用于标识时间轴中的关键帧，用红色小旗加标签名表示，如 。

4) 帧注释

用于为你自己或处理同一文件的其他人员提供提示。用绿色的双斜线加注释文字表示，如 。

5) 播放头

指示当前显示在舞台中的帧，将播放头沿着时间轴移动，可以轻易地定位当前帧。用红色矩形表示，红色矩形下面的红色细线所经过的帧表示该帧目前正处于"播放帧"。

4．帧的操作

1) 选择帧和帧列

在时间轴上选择一个帧，只需要单击该帧即可，如果某个对象占据了整个帧列，并且此帧列是由一个关键帧开始，一个普通帧结束，那么只需要选中舞台中这个对象就可以选中此帧列。

如果要选择一组连续帧，则单击选中第 1 帧，按住 Shift 键的同时单击选中最后一帧，即可选择一组连续帧。

如果要选择一组非连续帧，按住 Ctrl 键的同时单击要选择的帧即可。

要选择帧列，按住 Shift 键，单击该帧列的第一帧，然后再单击该帧列的最后一帧，即可选择该帧列。

2) 插入帧、关键帧、空白关键帧

(1) 插入帧。选中准备插入帧的位置，然后在菜单栏中选择【插入】→【时间轴】→【帧】命令；也可以在插入帧的位置右击，在弹出的快捷菜单中选择【插入帧】命令，即可插入帧。

(2) 插入关键帧。选中准备插入帧的位置，然后在菜单栏中选择【插入】→【时间轴】→【关键帧】命令；也可以在插入帧的位置右击，在弹出的快捷菜单中选择【插入关键帧】命令，即可插入关键帧。

(3) 插入空白关键帧。选中准备插入帧的位置，然后在菜单栏中选择【插入】→【时间轴】→【空白关键帧】命令；也可以在插入帧的位置右击，在弹出的快捷菜单中选择【插入空白关键帧】命令，即可插入空白关键帧。

> **提示**：也可以通过快捷键插入帧，插入关键帧：F6 键；插入空白关键帧：F7 键；插入帧：F5 键。

3) 帧的复制、移动与粘贴
- 复制帧：选中单个帧，右击，在弹出的快捷菜单中选择【复制帧】命令，即可完成复制帧的操作。
- 粘贴帧：选中准备粘贴的位置，右击，在弹出的快捷菜单中选择【粘贴帧】命令。
- 移动帧：选中准备要移动的帧，按住鼠标左键并拖动到需要的目标位置即可。

4) 清除和删除帧
- 清除帧：在时间轴上选择需要删除的关键帧，右击，在弹出的快捷菜单中选择【清除帧】命令，此时该关键帧中的内容将被清除，关键帧变为空白关键帧，如图 3-36 所示。

图 3-36　清除帧

- 删除帧：在时间轴上选择需要删除的关键帧，右击，在弹出的快捷菜单中选择【删除帧】命令，则该关键帧将被删除。
- 清除关键帧：在时间轴上选择需要删除的关键帧，右击，在弹出的快捷菜单中选择【清除关键帧】命令，则关键帧将被清除。

> **知识链接**：Flash 动画是由一个个 "帧" 上的图片连接而成的，帧是动画最基本的单位。舞台即制作动画的地方，在播放器中播放动画时，只有舞台中的对象被显示。工作区域是舞台和周围的灰度区域。场景是动画的另一个组成部分，即 "场景" 的变换，制作 Flash 动画需要有不同的场景。

二、动画制作方式

1. 逐帧动画

1) 概念

三种动画方式.mp4

逐帧动画是一种与传统动画创作技法相类似的动画形式，是 Flash 中一种重要的动画制作模式。逐帧动画是在时间轴上逐帧地绘制内容，这些内容是一张张不动的画面，但画面之间又逐渐发生变化。当动画在播放时，这一帧一帧的画面连续播放就会获得动画效果。逐帧动画在绘制时具有很大的灵活性，几乎可以表现任何想要表现的内容。在 Flash 中，一段逐帧动画表现为时间轴上连续放置关键帧。如少女走路的时间轴效果如图 3-37 所示。

图 3-37　少女走路效果

2) 逐帧动画案例

下面是一个逐帧动画的案例，具体操作步骤如下。

(1) 新建一个 Flash 文档，设置名称为"马"。

(2) 选择【文件】→【导入】→【导入到库】命令，将一组骏马飞奔的图片导入到库中，效果如图 3-38 所示。

(3) 选中时间轴的第 1 帧，将 1.gif 拖入舞台中，使其图片相对于舞台居中对齐。

(4) 选中时间轴的第 2 帧，右击，在弹出的快捷菜单中选择【插入关键帧】命令，将舞台的 1.gif 删掉，将库中的 2.gif 拖入舞台中，同样相对于舞台居中对齐，如图 3-39 所示。

图 3-38　导入到库

图 3-39　选择【插入关键帧】命令

(5) 用上述方法在时间轴的第 3、4、5、6、7 帧上插入关键帧，分别拖入 3.gif、4.gif、5.gif、6.gif、7.gif，时间轴效果如图 3-40 所示，舞台效果如图 3-41 所示。

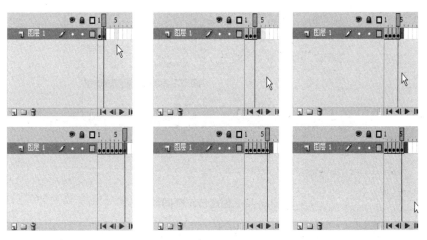

图 3-40 时间轴效果

图 3-41 舞台图片效果

(6) 测试影片,就会发现一个动态的骏马飞奔效果。

2. 传统的补间动画

Flash CS6 支持两种类型的补间来创建动画,一种是补间动画,一种是传统补间。这两种类型的补间各具特点,下面分别对它们进行介绍。

1) 补间动画

补间动画是 Flash CS6 中的一种动画类型,它是从 Flash CS4 开始引入的。相对于以前版本中的补间动画,这种补间动画类型具有功能强大且操作简单的特点,用户可以对动画中的补间进行最大限度的控制。

Flash CS6 中的"补间动画"模型是基于对象的,它将动画中的补间直接应用到对象,而不是像传统补间动画那样应用到关键帧,Flash 能够自动记录运动路径并生成有关的属性关键帧。

补间动画只能应用于影片剪辑元件,如果所选择的对象不是影片剪辑元件,则 Flash 会给出提示对话框,将其转换为元件后,该对象才能创建补间动画。

2) 传统的补间动画

Flash CS4 之前的各个版本创建的补间动画都称为传统补间动画,在 Flash CS6 中,同样可以创建传统的补间动画。当需要在动画中展示移动位置、改变大小、旋转、改变色彩等效果时,就可以使用传统补间动画。在制作动作补间动画时,用户只需对最后一个关键帧的对象进行改变,其中间的变化过程即可自动形成。要创建传统的补间动画,在需要创建的任意帧上右击,在弹出的快捷菜单中选择【创建传统补间】命令,效果如图 3-42 所示。

3) 传统补间动画案例

下面是一个传统补间动画案例,具体操作步骤如下。

图 3-42　创建传统补间动画

(1) 新建一个 Flash 文档，设置【名称】为"传统补间动画"。

(2) 导入图片 pic1.jpg。

(3) 选中时间轴的第 1 帧，将图片拖入舞台中，如图 3-43 所示。选择图片并右击，在弹出的快捷菜单中选择【转换为元件】命令，弹出【转换为元件】对话框，设置【名称】为 pic1，如图 3-44 所示。在【属性】面板中设置属性大小为 10×10，在【色彩效果】卷展栏的【样式】下拉列表框中选择 Alpha 选项，并设置其值为 10%，如图 3-45 所示。使图片元件相对于舞台居中对齐。

图 3-43　导入图片效果

图 3-44　【转换为元件】对话框

(4) 选中时间轴的第 20 帧，右击，在弹出的快捷菜单中选择【插入关键帧】命令，如图 3-46 所示。在【属性】面板中设置图片元件的大小为 550×400，设置其 Alpha 透明度为 100%，同样相对于舞台居中对齐。

(5) 选择第 1～20 帧之间的任意帧，右击，在弹出的快捷菜单中选择【创建传统补间】命令，创建传统补间动画，如图 3-47 所示。

图 3-45 设置 Alpha 样式

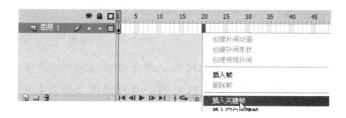

图 3-46 选择【插入关键帧】命令

图 3-47 创建传统补间动画

(6) 测试影片。

提示： 对于传统补间动画，对象的位置移动、旋转，关键帧中可以不需要对对象进行设置元件，但是如果需要完成对象的大小、透明度的动画设置，则关键帧必须为元件。

3. 补间形状动画

1) 补间形状动画概述

补间形状动画是形状之间的切换动画，是从一个形状逐渐过渡到另一个形状。Flash 在补间形状的时候，补间的内容是依靠关键帧上的形状进行计算所得。形状补间与补间动画是有所区别的，形状补间是矢量图形间的补间动画，这种补间动画改变了图形本身的属性，而补间动画并不改变图形本身的属性，其改变的是图形的外部属性，如位置、颜色和大小等。

在一个关键帧中绘制一个形状，然后在另一个关键帧中更改该形状或绘制另一个形状，Flash 根据二者之间的帧值或形状来创建的动画被称为"形状补间动画"。因为只创建了两个端点的帧的内容，仅仅需要存储这些内容以及中间过渡变化的值，所以渐变动画可以使文件的尺寸变小。

形状补间动画可以实现两个图形之间颜色、形状、大小、位置的相互变化，使用的元素多为用鼠标或压感笔绘制出的形状，如果使用图形元件、按钮、文字，则必先"打散"分解成普通图形才能创建变形动画。

创建补间形状动画的方法是：在任意帧上右击，在弹出的快捷菜单中选择【创建补间形状】命令，形状补间动画创建好后，时间轴面板的背景色变为淡绿色，在起始帧和结束帧之间有一个长长的箭头，如图 3-48 所示。

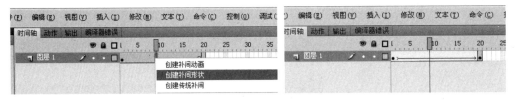

图 3-48　创建形状补间动画

> 提示：补间形状的对象必须是非成组和非元件的矢量图形。如果希望对元件或成组对象创建形状补间，必须使用【分离】命令将它们分离打散。

2)　补间形状动画案例

下面是一个形状补间动画案例，具体操作步骤如下。

(1)　新建一个 Flash 文档，设置【名称】为"形状补间"。

(2)　在舞台中绘制一个圆，设置颜色为红色，并使其相对于舞台居中对齐。

(3)　选中时间轴的第 20 帧，右击，在弹出的快捷菜单中选择【插入关键帧】命令，插入关键帧，将原来的圆删掉，在舞台上用【文本工具】输入 Flash，设置颜色为蓝色，放置在舞台上的任意位置，如图 3-49 所示。

图 3-49　创建形状补间案例

(4)　在第 1～20 帧之间的任意帧，右击，在弹出的快捷菜单中选择【创建补间形状】命令，创建补间形状动画。

(5)　测试影片。

> 提示：图片也可以设置形状补间，但是必须先把图片分离。

3)　使用形状提示的补间形状动画案例

形状补间动画如果要做比较精细的变形，或者前后图形差异较大时，变形结果会显得乱七八糟，这时，"形状提示"功能可大大改善这一情况。利用形状提示功能可以控制更为复杂和不规则形状的变化，变形提示可以帮助建立原形状与新形状各个部分之间的对应关系。

下面是一个使用形状提示的补间形状动画案例，具体

形状提示补间形状动画制作.mp4

操作步骤如下。

(1) 新建一个 Flash 文档，设置【名称】为"提示形状补间"。

(2) 导入图片 pic2.jpg 到库中，将图片拖动到舞台上并进行分离，如图 3-50 和图 3-51 所示。

图 3-50　图片未分离效果

图 3-51　图片分离后的效果

(3) 选中时间轴的第 20 帧，右击，在弹出的快捷菜单中选择【插入关键帧】命令，插入关键帧，关键帧上的内容保持默认。

(4) 选择【修改】→【变形】→【水平翻转】命令，如图 3-52 所示，翻转后效果如图 3-53 所示。

图 3-52　选择【水平翻转】命令

图 3-53　水平翻转后的图片效果

(5) 在第 1 帧到第 20 帧之间的任意帧，右击，在弹出的快捷菜单中选择【创建补间形状】命令，创建形状补间动画，如图 3-54 所示。

(6) 选择第 1 帧，选择【修改】→【形状】→【添加形状提示】命令，如图 3-55 所示。在图片上会有ⓐ符号，红色的说明还没有设置提示。如果图片需要 4 个提示符号，则需要操作添加形状提示 4 次，会出现ⓐ、ⓑ、ⓒ、ⓓ 4 个符号，最上面的ⓓ覆盖其他 3 个，如图 3-56 所示。

(7) 用鼠标选中提示符号，拖动到图片的 4 个角上，注意 4 个符号的顺序，如图 3-57 所示。

(8) 选择第 20 帧，将图片上的提示符号放到想要旋转的对应点上，如图 3-58 所示。

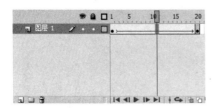

图 3-54 创建形状补间

图 3-55 选择【添加形状提示】命令

图 3-56 图片添加形状提示

图 3-57 起始形状提示对应点　　　　图 3-58 结束形状提示对应点

(9) 测试影片。

任务实践

本任务主要是制作校园景色的变换展示过程，具体操作步骤如下。

(1) 制作"推进效果"动画。

① 选择【插入】→【新建元件】命令，弹出【创建新元件】对话框，设置【名称】为

"推进"、【类型】为【影片剪辑】，单击【确定】按钮进入编辑区，如图 3-59 和图 3-60 所示。

图 3-59　选择【新建元件】命令

图 3-60　【创建新元件】对话框

② 将 xy10 拖入元件编辑区，设置大小为 1000×800，并且使之相对于舞台垂直水平方向居中，如图 3-61 所示。右击，在弹出的快捷菜单中选择【转换为元件】命令，如图 3-62 所示。在打开的【转换为元件】对话框中设置【名称】为 pic1、【类型】为【图形】，单击【确定】按钮，如图 3-63 所示。

③ 在第 40 帧处插入关键帧，如图 3-64 所示。将延续过来的图片元件大小设置为 550×400，并且相对于舞台垂直水平对齐。

图 3-61　舞台效果

图 3-62　选择【转换为元件】命令

图 3-63　【转换为元件】对话框

图 3-64　选择【插入关键帧】命令

④ 在第 1～40 帧中的任意一帧，右击，在弹出的快捷菜单中选择【创建传统补间】命令，如图 3-65 所示。选择第 40 帧，按 F9 键，打开【动作】面板，选择【全局函数】中的【时间轴控制】选项，在展开的列表中选择 stop 选项，如图 3-66 所示。双击该选项，则插入动作 stop();，效果如图 3-67 所示。

(2) 制作"移动效果"动画。

① 新建一个元件，设置【名称】为"移动"、【类型】为【影

缩放、移动效果.mp4

片剪辑】，单击【确定】按钮进入元件编辑区，如图 3-68 所示。

图 3-65　选择【创建传统补间】命令

图 3-66　选择 stop 选项

图 3-67　双击 stop 选项后的效果

图 3-68　创建"移动"元件

②　在"图层 1"的第 1 帧上插入关键帧，将 xy2 拖入舞台，设置大小为 550×400，相对于舞台水平垂直居中分布，如图 3-69 所示。并在第 40 帧插入帧，延续图片效果。

图 3-69　舞台效果

③　在"图层 1"上右击，在弹出的快捷菜单中选择【插入图层】命令，即可新建一个图层，其名称默认为"图层 2"，如图 3-70 所示。

图 3-70　新建图层

④ 在"图层 2"的第 1 帧上插入关键帧，将 xy10 拖入舞台中，将图片大小设置为 550×400，效果如图 3-71 和图 3-72 所示。选择图片，将其设置为相对于舞台水平垂直方向对齐，则 xy10 会遮盖 xy2，效果如图 3-73 和图 3-74 所示。

图 3-71　拖入 xy10 后的效果图　　　　图 3-72　拖入 xy10 并设置属性大小后的效果图

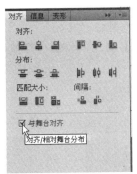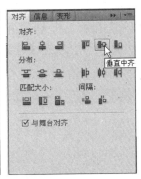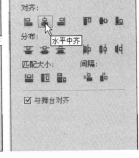

图 3-73　相对于舞台水平垂直方向对齐

图 3-74　对齐后舞台效果

⑤ 选择"图层2"中第1帧的图片,在第40帧插入关键帧,将其图片向左拖动,拖到xy10的右边与xy2左边对齐,如图3-75所示。

图3-75 "图层2"图片移动位置

⑥ 在第1~40帧的任意一帧,右击,在弹出的快捷菜单中选择【创建传统补间】命令。同样在第40帧位置设置动作代码stop();。

(3) 制作"折叠效果"动画。

① 新建一个元件,设置【名称】为"折叠"、【类型】为【影片剪辑】,单击【确定】按钮进入元件编辑区,如图3-76所示。

② 选择"图层1"的第1帧插入关键帧,将xy12拖入舞台,设置大小为550×400,右击,在弹出的快捷菜单中选择【分离】命令,将图片打散,如图3-77所示。

折叠效果.mp4

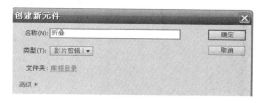

图3-76 创建折叠元件动画

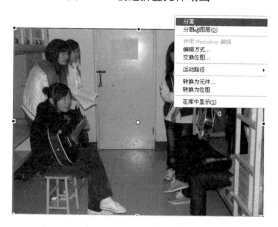

图3-77 打散图片

③ 选择【视图】→【标尺】命令,在舞台上打开标尺,如图3-78所示。

图 3-78　打开标尺

④ 选择【视图】→【网格】→【显示网格】命令,在舞台上打开网格模式,如图 3-79 所示。

图 3-79　打开网格

⑤ 根据网格和标尺在图片的中心位置绘制一条直线,将图片分成左右两个相同大小的图片,选中其中一个图片,右击,在弹出的快捷菜单中选择【分散到图层】命令,然后删除直线,如图 3-80 所示。分散后的图片效果如图 3-81 所示。

图 3-80　选择【分散到图层】命令　　　　　　图 3-81　时间轴效果

⑥ 新建图层,用相同的方法分解图片 xy13,然后删除直线。

⑦ 选择"图层 3",在第 5 帧处插入关键帧,将图片水平方向缩小,如图 3-82 所示。用同样的方法在第 10、15、20、25、30、35、40 帧处插入关键帧并缩小图片(自己控制即

可)。此操作在第 40 帧将图片缩小为 15×400,在第 41 帧插入关键帧。

图 3-82 水平方向缩小图片

⑧ 选中"图层 2",在第 41 帧处插入关键帧,将图片大小设置为 15×400,移动到和第 40 帧相同的位置。将"图层 3"的第 41 帧内容删掉。

⑨ 选择"图层 4",在第 60 帧处插入帧并调整其位置。选择"图层 2",在第 60 帧处插入关键帧,并设置图片的大小和位置,使其与"图层 4"的大小和位置相同。在第 41~60 帧的任意帧,右击,在弹出的快捷菜单中选择【创建补间形状】命令。

⑩ 在"图层 4"的第 41~60 帧,右击,在弹出的快捷菜单中选择【剪切帧】命令,如图 3-83 所示。选择"图层 2",在第 41 帧上右击,在弹出的快捷菜单中选择【粘贴帧】命令,如图 3-84 所示。效果如图 3-85 所示。然后将"图层 2"上的第 41~60 帧删除,如图 3-86 所示。

图 3-83 选择【剪切帧】命令

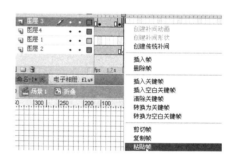

图 3-84 选择【粘贴帧】命令

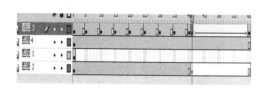

图 3-85 时间轴效果

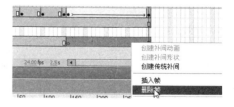

图 3-86 选择【删除帧】命令

⑪ 将"图层 1""图层 2""图层 4"都延伸到第 60 帧(选择第 60 帧,插入帧即可)。

⑫ 选中"图层 3",在关键帧之间都创建补间形状,效果如图 3-87 所示。在第 60 帧添加动作代码 stop();。

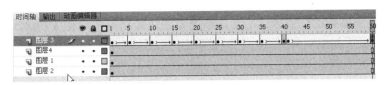

图 3-87 时间轴效果

(4) 制作渐变动画。

下面这个动画是制作一个从透明到不透明显示的效果过程。

① 新建一个元件,设置【名称】为"渐变"、【类型】为【影片剪辑】,单击【确定】按钮进入元件编辑区,如图 3-88 所示。

② 选中时间轴的第 1 帧,将 xy8 拖入舞台中,设置其大小为 550×400,并相对于舞台水平垂直居中。选择图片,右击,在弹出的快捷菜单中选择【转换为元件】命令,将其转换为元件,设置【名称】为"pic2",如图 3-89 所示。在【属性】面板中【色彩效果】卷展栏的【样式】下拉列表框中选择 Alpha 选项,设置其值为 10%,如图 3-90 所示。

渐变效果.mp4

图 3-88 创建"渐变"元件

③ 选中时间轴的第 20 帧,右击,在弹出的快捷菜单中选择【插入关键帧】命令,如图 3-91 所示。在其【属性】面板中设置 Alpha 透明度为 100%。

图 3-89 转换为元件

图 3-90 属性面板设置

图 3-91 选择【插入关键帧】命令

④ 在第 1~20 帧的任意帧，右击，在弹出的快捷菜单中选择【创建传统补间】命令，创建传统补间动画，如图 3-92 所示。同时在第 20 帧上添加动作 stop();。

图 3-92 选择【创建传统补间】命令

(5) 制作旋转动画。

下面制作一个从小到大旋转的动画过程。

① 新建一个元件，设置【名称】为"旋转"、【类型】为【影片剪辑】，单击【确定】按钮进入元件编辑区，如图 3-93 所示。

旋转效果.mp4

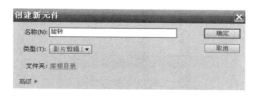

图 3-93 创建"旋转"元件

② 选中时间轴的第 1 帧，将 xy9 拖入舞台中，设置其大小为 550×400，并相对于舞台水平垂直居中。选择图片，右击，在弹出的快捷菜单中选择【转换为元件】命令，将其转换为元件，设置【名称】为 pic3。

③ 在第 40 帧插入关键帧，单击第 1 帧，将 pic3 元件的属性大小设置为 10×10，并相对于舞台水平垂直居中对齐。

④ 在第 1~40 帧中的任意帧，右击，在弹出的快捷菜单中选择【创建传统补间】命令。

⑤ 选择第 1~40 帧中任意帧，设置其【旋转】属性为【顺时针】，如图 3-94 所示，则创建了从小到大的旋转效果。选择第 41 帧插入关键帧，选择第 80 帧插入关键帧，将其属性大小设置为 10×10，透明度设置为 0。

⑥ 创建"图层 2"，单击第 41 帧，将图片 xy4 拖入舞台中，并拖动"图层 2"到"图层 1"的下方，如图 3-95 所示。并将图片转换为图形元件 pic4，设置其透明度为 20%，单击第 80 帧插入关键帧，设置其透明度为 100%，并为其创建传统补间。

图 3-94 设置【旋转】属性

图 3-95 将"图层 2"放到"图层 1"的下方

(6) 制作翻转动画效果。

本任务主要实现图片翻转的效果，具体操作步骤如下。

翻转效果.mp4

① 新建一个元件，设置【名称】为"翻转"、【类型】为【影片剪辑】，单击【确定】按钮进入元件编辑区，如图 3-96 所示。

图 3-96 创建"翻转"元件

② 选中时间轴的第 1 帧，将 xy15 拖入舞台中，设置其大小为 550×400，并相对于舞台水平垂直居中。选择图片，右击，在弹出的快捷菜单中选择【分离】命令，将图片打散。

③ 在时间轴的第 30 帧，右击，在弹出的快捷菜单中选择【插入关键帧】命令，关键帧上内容默认。选择【修改】→【变形】→【水平翻转】命令，设置其大小为 10×400，相对于舞台水平垂直方向居中对齐，如图 3-97 和图 3-98 所示。

图 3-97 水平翻转

图 3-98 设置图片大小后的效果

④ 在第 1～30 帧中任意帧，右击，在弹出的快捷菜单中选择【创建补间形状】命令，创建形状补间动画，如图 3-99 所示。

⑤ 选择第 1 帧，选择【修改】→【形状】→【添加形状提示】命令，如图 3-100 所示。在图片上会有ⓐ符号，红色的说明还没有设置提示。如果图片需要 4 个提示符号，则需要操作添加形状提示 4 次(也可选定符号，右击选择添加提示)，会出现ⓐ、ⓑ、ⓒ、ⓓ 4 个符号。

图 3-99 创建形状补间

图 3-100 选择"添加形状提示"命令

⑥ 用鼠标选中提示符号，拖动到图片的 4 个角上，注意 4 个符号的顺序，如图 3-101 所示。选择第 30 帧，将图片上的提示符号放到想要旋转的对应点上，如图 3-102 所示。

图 3-101　起始形状提示对应点　　　　　　图 3-102　结束形状提示对应点

⑦ 选择第 31 帧插入关键帧，删除 xy15，将 xy10 拖到舞台中分离打散，设置其大小为 10×400，相对于舞台水平垂直方向居中对齐。选择第 60 帧插入关键帧，将其图片大小设置为 550×400，如图 3-103 所示。

图 3-103　舞台效果

⑧ 在第 31～60 帧任意帧位置，右击，在弹出的快捷菜单中选择【创建补间形状】命令，并在第 60 帧添加动作代码 stop();。

任务三　制作场景动画

知识储备

一、声音的导入

选择【文件】→【导入】→【导入到舞台】(或【导入到库】)命令，打开【导入】对话框，在其中选择需要导入的文件。单击【打开】按钮即可导入声音文件。

声音导入 Flash 文档后，将会自动添加到【库】面板的列表中，如图 3-104 所示。在列表中选择声音，【库】面板中将显示声音的波形图，单击【播放】按钮可以预览声音效果。将【库】面板中的声音对象拖动到场景中，即可完成声音的调用，如图 3-105 所示。

图 3-104 【库】面板

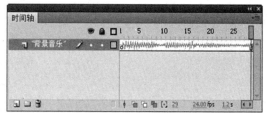

图 3-105 时间轴效果

> **提示**：在向文档中添加声音时，可以将多个声音放置到同一个图层中，也可以放置到包含动画的图层中。在此最好将不同的声音放置在不同的图层中，每个图层相当于一个声道，这样有助于声音的编辑处理。

二、视频的导入

1. Flash 支持的视频类型

Flash 支持的视频类型会因计算机安装不同的软件而不同，如果计算机安装了 QuickTime 软件，则在导入视频时支持 MOV(QuickTime 影片)、AVI(音频视频交叉文件)和 MPG/MPEG(运动图像专家组文件)等格式的视频剪辑。

声音与视频的导入.mp4

如果系统安装了 DirectX 9.0 或更高版本，则在导入嵌入视频时支持 AVI、WMV(Windows Media 文件)、ASF(Windows Media 文件)和 MPG/MPEG 格式。

FLV(Flash Video)是 Flash 专用的视频格式，它是一种流媒体格式。

2. 视频在 Flash 中的应用方式

视频在 Flash 中有两种应用方式：一种方式是将视频直接嵌入到 Flash 动画中；另外一种方式是在 Flash 动画中加载外部视频文件。

3. 视频导入的方法

1) 使用播放组件加载外部视频

(1) 选择【文件】→【导入】→【导入视频】命令，如图 3-106 所示。打开【导入视频】对话框，如图 3-107 所示。

(2) 单击【浏览】按钮，在弹出的【打开】对话框中找到"学院视频.flv"，选中【使用播放组件加载外部视频】单选按钮，会将视频加载组件放入舞台中，如图 3-108 和图 3-109 所示。但是不能观看效果，必须测试影片才可以看到效果，如图 3-110 所示。但是与嵌入的视频相比有如下优势。

① 创作过程中，只需要发布 SWF 界面，即可预览或测试 Flash 的部分或全部内容。因此能更快地预览，从而缩短试验的时间。

② 运行时，视频文件从计算机磁盘驱动器加载到 SWF 文件上，并且没有文件大小和持续时间的限制。不存在音频同步的问题，也没有内存的限制。

③ 视频文件的帧频可以不同于 SWF 文件的帧频，从而更灵活地创建影片。

图 3-106　选择【导入视频】命令

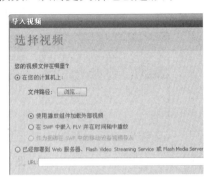

图 3-107　【导入视频】对话框

图 3-108　【打开】对话框

图 3-109　导入视频后舞台效果

图 3-110　测试效果

2) 在 SWF 中嵌入视频

(1) 选择【文件】→【导入】→【导入视频】命令，打开【导入视频】对话框。

(2) 单击【浏览】按钮，在弹出的【打开】对话框中找到"学院视频.flv"，选中【在 SWF 中嵌入 FLV 并在时间轴中播放】单选按钮，如图 3-111 所示。同样会将视频加载组件放入舞台中，而且能直接观看效果，也能在时间轴上直接进行视频的同步效果设置，如图 3-112 所示。

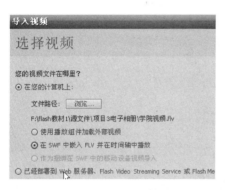

图 3-111 在 SWF 中嵌入视频

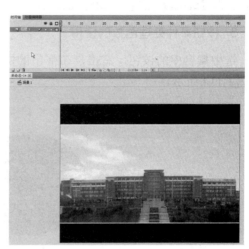

图 3-112 时间轴和舞台效果

三、【动作】面板的使用

1.【动作】面板

选择【窗口】→【动作】命令或按 F9 键，打开【动作】面板，如图 3-113 所示。

动作面板的使用.mp4

2. ActionScript 脚本的应用技巧

动作脚本又可称为 ActionScript 脚本，可以添加在关键帧、按钮实例和影片剪辑实例上。将动作脚本添加到关键帧上时，只需选中该帧，打开【动作】面板，输入相关的动作脚本即可。添加动作脚本后的关键帧会变成 状。

图 3-113 【动作】面板

[= 提示: 只能为主时间轴或影片剪辑内的关键帧添加动作脚本,不能为图形元件和按钮元件内的关键帧添加动作脚本。

在为按钮和影片剪辑实例添加动作脚本时,需要使用【选择工具】选中实例元件,然后再打开【动作】面板,为其添加动作脚本。

3. 按钮事件处理函数的使用

选中舞台中的按钮,右击,在弹出的快捷菜单中选择【动作】命令,添加动作代码,如图 3-114 所示。

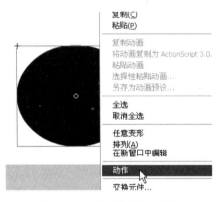

图 3-114 为按钮添加动作

要把动作脚本代码添加在按钮实例上,需要先为其添加 on 事件处理函数。on 函数的语法格式如下:

```
on(鼠标事件){ }
```

大括号中的内容是语句,用来响应鼠标事件,比如 gotoAndPlay(1);,这段语句的含义是当发生"单击"鼠标的事件(release)时,跳到第 1 帧,并从第 1 帧开始播放动画。指定的鼠标事件是执行的语句块,可以是一句或多句,必须用大括号括住语句块。

Flash 中的鼠标事件包括以下几种。

- press:表示在该按钮上单击还未释放鼠标左键时,执行大括号中的动作。
- release:在该按钮上单击鼠标左键并释放左键时,执行大括号中的动作。
- releaseOutside:在该按钮上单击一次鼠标时,执行大括号中的动作。
- rollOver:鼠标放在按钮上时执行大括号中的动作。
- rollOut:鼠标从按钮上滑出时执行大括号中的动作。
- dragOver:按住鼠标左键,光标滑入按钮时执行大括号中的动作。注意 rollOver 是没有按下鼠标左键,dragOver 是按下鼠标左键。
- dragOut:按住鼠标左键,光标滑出按钮时执行大括号中的动作。
- KeyPress:当用户按键盘上的任意一个键后,开始执行大括号中的动作。

[= 提示: 为同一个按钮可以添加许多不同的事件处理程序段。

4. 时间轴控制函数的使用

时间轴控制函数是用来控制时间轴的播放进程的,它包括 9 个简单函数,利用这些函数可以定义动画的一些简单的交互控制。在【动作】面板中展开【全局函数】中的【时间轴控制】选项，可以看到这 9 个函数。

> **提示：** 时间轴控制函数可以加在关键帧、按钮实例和影片剪辑实例上，每个函数都包括英文格式的括号，并以英文格式的分号结尾，脚本的书写是区分大小写的。

1) gotoAndPlay

该函数一般添加在关键帧或按钮实例上，一般格式如下：

```
gotoAndPlay(scene,frame);
```

该函数的含义是跳转并播放，跳转到指定场景的指定帧，并从该帧开始播放。如果没有指定场景,则将跳转到当前场景的指定帧。其中的参数 scene 表示跳转至场景的名称；frame 表示跳转至帧的名称或帧数。有了这个命令，可以随心所欲地播放不同场景、不同帧的动画。

2) gotoAndStop 函数的语法格式和使用方法与 gotoAndPlay 相同，一般格式如下：

```
gotoAndStop(scene,frame);
```

该函数的含义是跳转并停止播放，跳转到指定场景的指定帧，并从该帧停止播放，如果没有指定场景，则将跳转到当前场景的指定帧，开始停止播放。

3) nextFrame

该函数的含义是跳至下一帧并停止播放，括号中没有任何参数。例如，下面的语句表示单击按钮并释放时跳到下一帧并停止播放。

```
on(release){
nextFrame();
}
```

4) prevFrame

该函数的含义是跳至前一帧并停止播放。下面的语句表示单击按钮并释放时跳到前一帧并停止播放。

```
on(release){
prevFrame();
}
```

5) nextScene

该函数的含义是跳至下一场景并停止播放。

6) prevScene

该函数的含义是跳至前一场景并停止播放。

7) play

该函数的含义是可以指定影片继续播放。在播放影片时，除非另外指定，否则从第 1 帧播放。如果影片播放进程被 goto(跳转)或 stop(停止)语句停止，则必须使用 play 语句才能重新播放。

8) stop

该函数的含义是停止当前播放的影片，该动作最常见的运用是使用按钮控制影片剪辑。

例如，如果需要某个影片剪辑在播放完毕后停止而不是循环播放，则可以在影片剪辑的最后一帧附加 stop(停止播放影片)动作。这样，当影片剪辑中的动画播放到最后一帧时，播放将立即停止。

9) stopAllSounds

该函数的含义是使当前播放的所有声音停止播放，但是不停止动画的播放。要说明的一点是，被设置的数据流声音将会继续播放。下面的语句表示当按钮被单击并释放时，影片中的所有声音将停止播放。

```
On(release){
stopAllSounds();
}
```

任务实践

(1) 打开"相册.fla"源文件，里面是一个只有封面的源文件。

(2) 选择"图层 1"，双击修改图层名称为"封面"，如图 3-115 所示。

电子相册最终合成.mp4

(3) 在"封面"图层的第 1 帧，右击，在弹出的快捷菜单中选择【动作】命令，如图 3-116 所示。打开【动作】面板，选择【全局函数】中的【时间轴控制】选项，在展开的列表中双击 stop 选项，在右侧则添加代码 stop();，如图 3-117 所示。

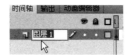 

图 3-115 设置图层名称

图 3-116 为关键帧添加动作

图 3-117 添加 stop 代码

(4) 为封面的按钮添加代码。

① 在封面右侧上面的"视频按钮"，右击，在弹出的快捷菜单选择【动作】命令，打开【动作】面板。在面板中添加代码 on (release) {gotoAndStop(2);}，可以在单击按钮时观看时间轴第 2 帧的内容，如图 3-118 所示。

② 在封面右侧下面的"相册按钮"，右击，在弹出的快捷菜单中选择【动作】命令，打开【动作】面板。在面板中添加代码 on (release) {gotoAndPlay(3);}，可以在单击按钮时从时间轴第 3 帧的内容开始观看，如图 3-119 所示。

图 3-118 为视频按钮添加动作

图 3-119 为相册按钮添加动作

(5) 添加视频。

① 插入图层，重命名为"视频"，如图 3-120 所示。在第 2 帧处插入关键帧，选择【文件】→【导入】→【导入视频】命令，打开【导入视频】对话框，如图 3-121 和图 3-122 所示。

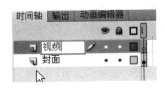

图 3-120 新建"视频"图层

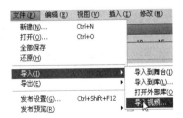

图 3-121 选择【导入视频】命令

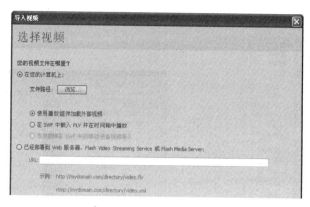

图 3-122 【导入视频】对话框

② 单击【浏览】按钮，在打开的对话框中选择视频存储位置，找到"学院视频"，单击【打开】按钮，如图 3-123 所示。

③ 返回【导入视频】对话框，单击【下一步】按钮，添加视频成功，如图 3-124 所示。在第 2 帧添加一个【返回】按钮，方便返回到主页面，如图 3-125 所示。为【返回】按钮添加代码 on (release) {gotoAndStop(1);}。

图 3-123 【打开】对话框

图 3-124 添加视频到舞台　　　　　　图 3-125 添加"返回"按钮

(6) 插入一个图层，重命名为"动画"，如图 3-126 所示。在第 3 帧处插入关键帧，将"翻转效果"影片剪辑拖进来，并相对于舞台水平垂直居中对齐。将其延伸至第 65 帧处(因为制作的翻转效果元件共 60 帧，所以元件拖到时间轴中的时候至少要占 60 帧）。时间轴效果如图 3-127 所示。

图 3-126　新建"动画"图层

图 3-127　时间轴效果

（7）在第 66 帧处插入关键帧，按 Delete 键删掉关键帧上的"翻转"元件，将"渐变效果"影片剪辑元件拖进来，并将其延伸至第 90 帧处。用相同的方法在第 91 帧处插入关键帧，将"推进效果"影片剪辑拖进来，延伸至第 140 帧。在第 141 帧处插入关键帧，将"旋转动画"拖进来，并延伸至第 220 帧。在第 221 帧处插入关键帧，将"移动动画"拖进来，并延伸至第 290 帧。在第 291 帧处插入关键帧，将"折叠动画"拖进来，并延伸至第 350 帧。将所有元件都相对于舞台水平垂直居中对齐。

（8）测试影片，观看效果。

上机实训　班级电子相册的制作

【实训背景】

马上就要毕业了，学生想为自己的 13 动漫班级设计并制作一个班级电子相册。

【实训内容和要求】

本次上机实训主要是制作班级的电子相册，需要进行整体的设计和素材的搜集，并配上合适的音乐和文字进行整个电子相册的展示。

【实训步骤】

（1）新建 Flash 文档，设置【名称】为"班级电子相册"，【背景颜色】为黑色，【大小】为 550×400。

（2）选择【文件】→【导入】→【导入到库】命令，将图片素材和声音素材导入到库中。

（3）将"图层 1"重命名为"背景"，在"背景"图层中用【铅笔工具】绘制出想要的线条图案，如图 3-128 所示。

图 3-128　绘制图形效果

（4）新建图层，将其命名为"打字效果"，在第 10 帧处插入关键帧，选择【文本工具】，在线条合适的位置输入文字"献给即将毕业的我们 13 动漫班的伙伴们"，文字大小为 28，字体为_serif，字体颜色为红色，如图 3-129 所示。

（5）利用创建逐帧动画的方式依次相隔一帧则插入一个关键帧，从后往前删除一个字，直至删到第一个字"献"，如图 3-130 所示。

图 3-129　输入文字效果

图 3-130　删除效果

（6）选中第 10～45 帧，右击，在弹出的快捷菜单中选择【翻转帧】命令，如图 3-131 所示。输入的文字呈现逐个打出的效果，并将其延伸到第 73 帧，目的是让输入的字体略有停顿。

（7）新建图层，将其命名为"打字音效"，选中图层中的第 10 帧，将库中的"打字音效"音乐拖入到场景中，音效到第 44 帧结束。时间轴效果如图 3-132 所示。

图 3-131　选择【翻转帧】命令

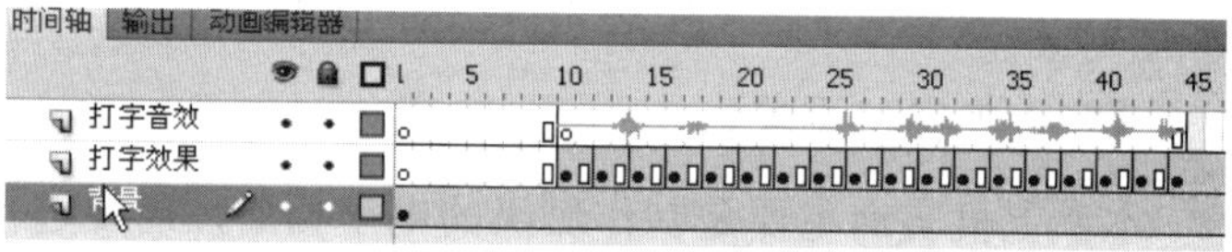

图 3-132　时间轴效果

（8）在"背景"图层的第 74 帧处插入关键帧，选择【橡皮擦工具】，利用逐帧动画的方式擦除原先用【铅笔工具】绘制的图案，制作消失效果。

（9）在场景中新建一个元件，命名为"电影胶片"，设置格式类型为影片剪辑，在元件内用矩形选框绘制出一个合适的条形，设置颜色为红色，用同样的方法制作其他条形选框，放入想要的图片，并调整为合适的大小，效果如图 3-133 所示。

图 3-133　电影胶片效果

（10）制作好电影胶片元件后，返回场景中，新建一个图层并命名为"效果 1"，利用传统补间动画方法制作元件从右往左的效果。

（11）新建图层并命名为"背景音乐"，在合适的位置插入关键帧，导入背景音乐。

(12) 创建效果 1 至效果 6 的图层，利用所学的动画制作方法制作想要的图片效果。

【实训素材】

实例文件存储于"网络资源\源文件\项目三\班级电子相册.fla"中。

习 题

一、选择题

1. ActionScript 中引用图形元素的数据类型是(　　)。
   A. 影片剪辑　　　　B. 对象　　　　C. 按钮　　　　D. 图形元素
2. 在 ActionScript 中有 3 种类型的变量范围，分别是(　　)。
   A. 本地变量　　　　B. 文本变量　　　C. 时间轴变量　　D. 全局变量
3. 下列是 ActionScript 的关键字的有(　　)。
   A. break　　　　　B. function　　　C. default　　　　D. void
4. 下列不属于【对齐】面板功能的是(　　)。
   A. 可以设置对象的对齐方式，包括"左对齐""水平对齐""右对齐""上对齐""垂直中齐"和"底对齐"
   B. 可以使对象以舞台为标准，进行对象的对齐与分布设置
   C. 可以使对象在垂直方向等间距分布，或使对象在水平方向等间距分布
   D. 可以设置对象不同的宽度和高度缩放百分比

二、填空题

1. Flash CS6 的动作脚本是添加在_____上的。
2. ActionScript 代码中的停止函数是_____。

三、思考题

1. 简述 Flash ActionScript 中 4 种常见的时间轴控制命令。
2. 怎样创建和添加显示对象实例？

项目四

制作生日贺卡

【项目导入】

马上就是自己好友的生日了，刘洪准备自己制作一个生日电子贺卡，给自己的好友送上一份特殊的祝福，生日贺卡效果如图4-1所示。

图 4-1 效果图

具体制作步骤如下。
(1) 搜集关于生日电子贺卡的素材。
(2) 下载并制作漂亮的文字效果。
(3) 制作蛋糕和礼物元件作为贺卡的主题部分，如图 4-2 所示。

 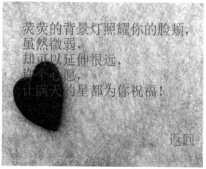

图 4-2 元件效果图

(4) 在主场景中组合元件，完成整体效果，实现生日电子贺卡的动画。

【项目分析】

通过制作生日贺卡来学习 Flash 字体的各种设置与使用、对象的分离、滤镜的使用。

【能力目标】

- 学会 Flash 文本工具的使用。
- 学会对象滤镜的应用。
- 能利用软件创建生日贺卡。

【知识目标】

- 掌握 Flash 中文本属性的设置。
- 掌握利用 Flash CS6 软件制作电子贺卡的技巧。

任务一 制作漂亮的文字效果

知识储备

一、下载漂亮的字体

(1) 从网上百度"flash 字体",找到一种合适的字体进行下载,效果如图 4-3 所示。

图 4-3 下载字体

(2) 找到下载的字体文件并解压缩,然后在字体文件夹中找到字体 BradyBunch,复制到路径 C:\Windows\Font 中。

(3) 打开 Flash CS6,在字体库中就可以使用刚刚下载的字体。

二、静态文本的输入与设置

1. 文本的输入

单击工具栏中的【文本工具】**T**,用鼠标在舞台中单击,在出现的文本框中直接输入文字即可,如图 4-4 所示。或者在舞台中单击并按住鼠标左键向右下角方向拖曳出一个文本框。释放鼠标,出现文本输入光标。在文本框中输入文字,文字被限定在文本框中,如果输入的文字较多,会自动转到下一行显示,如图 4-5 所示。

 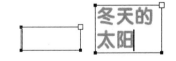

图 4-4 直接输入文字　　　　　　　　图 4-5 使用拖曳输入文字

2. 文本属性设置

选中输入的文字,选择【窗口】→【属性】命令,弹出文本工具【属性】面板,在其中可以设置文字的字体、大小、颜色、行距和字符属性。

三、文本对象的分离

要修改多个图形的组合、图像、文字或组件的一部分时,可以选中对象,使用【修改】→

【分离】命令或按 Ctrl+B 组合键，或右击，在弹出的快捷菜单中选择【分离】命令，将组合的图形打散，如图 4-6 所示。

> 提示：制作变形动画时，必须用【分离】命令将图形的组合、图像、文字或组件转变成图形。

图 4-6　分离文字

四、对象的封套变形

Flash 的封套是一个边框，该边框套住需要变形的对象，通过更改这个边框的形状从而改变套在其中的对象形状。单击【任意变形工具】，单击工具箱中的【封套】按钮或是直接选择【修改】→【变形】→【封套】命令，此时对象被一个带有锚点的边框包围。这个边框可以像矢量线条那样，通过拖放锚点或是调整锚点拉出的方向线来修改形状，如图 4-7 所示。

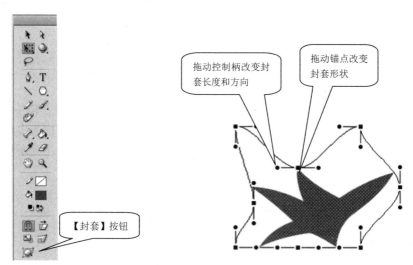

图 4-7　封套命令与封套变形

> 提示：在调用【封套】功能时须将图形或元件打散(即分离，选择【修改】→【分离】命令或按 Ctrl+B 组合键)，否则将为不可用状态。

任务实践

(1) 新建一个 Flash 文档，名称为"生日贺卡"。
(2) 插入一个新建元件，设置【名称】为"文字"，【类

生日贺卡——文字效果.mp4

型】为【影片剪辑】，单击【确定】按钮进入元件编辑区。

(3) 利用【文本工具】在编辑区中输入文字 Happy BirthDay，字体类型为任务 1 中下载的字体 BradyBunch，颜色采用默认，相对于舞台水平垂直居中，大小为 60 点，如图 4-8 所示。

图 4-8　文字的输入

(4) 利用【选择工具】选中文字，右击，在弹出的快捷菜单中选择【分离】命令，效果如图 4-9 所示。

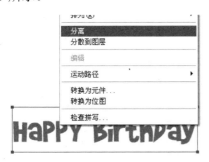

图 4-9　文本分离效果

(5) 利用【选择工具】和键盘方向键对文字的位置进行调整，利用【属性】面板的文字大小来设置字体效果，如图 4-10 所示。

图 4-10　调整文字

(6) 利用颜色填充工具进行文字填充(颜色任意)，填充后将第一个字母 H 和最后一个字母 y 打散，利用【部分选取工具】对文字进行调整拖长，效果如图 4-11 所示。

图 4-11　填充与调整文字

(7) 将文字 y 和 B 打散，利用【选择工具】分别选择两个文字的下半部分和上半部分，分别利用填充工具调整颜色，如图 4-12 所示。

图 4-12 打散调整文字

(8) 将文字全部选中，右击，在弹出的快捷菜单中选择【转换为元件】命令，打开【转换为元件】对话框，设置【名称】为"文字效果 1"，单击【确定】按钮，如图 4-13 所示。

图 4-13 将文字转换为元件

(9) 选中"文字效果 1"元件，在其属性面板中选择滤镜选项，单击左下角的【添加滤镜】按钮，选择投影效果，在出现的投影属性设置中，将【模糊】设为 10 像素，【距离】设为 10 像素，【颜色】设为深灰色，效果如图 4-14 和图 4-15 所示。

图 4-14 投影效果设置

图 4-15 文字投影效果

(10) 选中文字并全部打散，单击【任意变形工具】中的【封套】按钮，利用调整点进行调整，效果如图 4-16 所示。

图 4-16　文字封套设置

任务二　制作贺卡元件

知识储备

一、元件的创建与使用

1. 图形元件的创建与使用

1) 图形元件

元件的创建.mp4

一般用于创建静态图像或创建可重复使用的、与主时间轴关联的动画。它有自己的编辑区和时间轴。如果在场景中创建元件的实例，那么实例将受到主场景中时间轴的约束。换句话说，图形元件中的时间轴与其实例在主场景的时间轴同步。

2) 图形元件的创建

选择【插入】→【新建元件】命令，弹出【创建新元件】对话框，在【名称】文本框中输入"球"，在【类型】下拉列表框中选择【图形】选项，单击【确定】按钮，即创建了一个图形元件"球"。图形元件的名称出现在舞台的左上方，舞台切换到了图形元件"球"的窗口，窗口中间出现十字，代表图形元件的中心定位点，在【库】面板中显示出图形元件，如图 4-17 所示。

图 4-17　图形元件的创建

2. 按钮元件的创建与使用

1) 按钮元件

按钮元件是创建能激发某种交互行为的按钮。创建按钮元件的关键是设置 4 种不同状态的帧，即"弹起"(鼠标抬起)、"指针经过"(鼠标移入)、"按下"(鼠标按下)、"点击"(鼠标响应区域，在这个区域创建的图形不会出现在画面中)。

2) 按钮元件的创建

选择【插入】→【新建元件】命令，弹出【创建新元件】对话框，在【名称】文本框中输入"星星",在【类型】下拉列表框中选择【按钮】选项,单击【确定】按钮,创建一个新的按钮元件"星星"。按钮元件的名称出现在舞台的左上方,舞台切换到了按钮元件"星星"的窗口,窗口中间出现十字,代表按钮元件的中心定位点。在【时间轴】面板中显示出 4 个状态帧:"弹起""指针经过""按下""点击"。在【库】面板中显示出按钮元件,如图 4-18 所示。

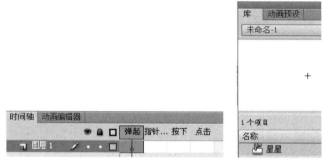

图 4-18　按钮元件的创建

3. 影片剪辑元件的创建与使用

1) 影片剪辑元件

影片剪辑元件像图形元件一样有自己的编辑区和时间轴,但又不完全相同。影片剪辑元件的时间轴是独立的,它不受其实例在主场景时间轴(主时间轴)的控制。

2) 影片剪辑元件的创建

选择【插入】→【新建元件】命令,弹出【创建新元件】对话框,在【名称】文本框中输入"变形动画",在【类型】下拉列表框中选择【影片剪辑】选项,单击【确定】按钮,创建一个新的影片剪辑元件"变形动画"。影片剪辑元件的名称出现在舞台的左上方,舞台切换到了影片剪辑元件"变形动画"的窗口,窗口中间出现十字,代表影片剪辑元件的中心定位点。在【库】面板中显示出影片剪辑元件,如图 4-19 所示。

图 4-19　影片剪辑元件的创建

二、元件的转换

1. 将图形转换为图形元件

如果在舞台上已经创建好矢量图形并且以后还要再次应用,可将其转换为图形元件。选中矢量图形,选择【修改】→【转换为元件】命令或按 F8 键,弹出【转换为元件】对话框，进行设置后单击【确定】按钮，矢量图形即被转换为图形元件。

2. 设置图形元件的中心点

选中矢量图形，选择【修改】→【转换为元件】命令，弹出【转换为元件】对话框，在对话框的【对齐】选项中的【注册】选项中有 9 个中心定位点，可以用来设置转换元件的中心点。如图 4-20 所示为注册点在中心点位置，图 4-21 所示为注册点在中心点上方位置。

图 4-20　注册点在中心点

图 4-21　注册点在中心点上方

3. 将图形元件转换为其他元件

在制作的过程中，可以根据需要将一种类型的元件转换为另一种类型的元件。选中【库】面板中的图形元件，单击面板下方的【属性】按钮，弹出【元件属性】对话框，在【类型】下拉列表框中选择【影片剪辑】或【按钮】选项，单击【确定】按钮，即可将图形元件转化为影片剪辑元件或按钮元件，如图 4-22 所示。

图 4-22　元件之间的类型转换

三、创建引导层动画

1. 概念

引导层动画的原理很简单，就是将某个图层中绘制的线条作为补间元件的运动路径，引导层的作用就是辅助其他图层的对象运动和定位。引导层中的对象必须是打散的图形，也就是说作为路径的线条不能是组合对象，被引导层必须位于引导层的下方。要创建引导层动画，可以选中图层，右击，在弹出的快捷菜单中选择【添加传统运动引导层】命令，则为被选中的图层添加了一个引导层，在引导层中利用工具绘制线条，如在此使用【铅笔工具】绘制一条曲线，如图 4-23 所示。

图 4-23 创建引导层动画

2. 创建引导层动画案例

（1）新建一个 Flash 文档，背景颜色和舞台大小都使用默认值，保存文档并命名为"引导层动画"。

（2）导入背景图片。

修改"图层 1"的名称为"背景"，选择【文件】→【导入】→【导入到库】命令，导入本案例对应的素材文件夹中的"花.jpg"图片和动态的"蝴蝶.gif"图片。将"花.jpg"图片拖到舞台中，利用【对齐】面板将"花.jpg"图片缩放成与舞台大小一样，覆盖在舞台上，并将背景帧扩展到 100 帧，如图 4-24 所示。

运动引导层.mp4

图 4-24 设置背景图片

（3）新建一个图层，命名为"蝴蝶"，从【库】面板中把"蝴蝶"元件拖到"蝴蝶"图层，使用【任意变形工具】调整其大小并旋转一定的角度，并在第 100 帧插入关键帧，效果如图 4-25 和图 4-26 所示。

图 4-25 时间轴效果　　　　　　　　图 4-26 "蝴蝶"元件的大小和位置

（4）在"蝴蝶"图层上右击，在弹出的快捷菜单中选择【添加传统运动引导层】命令，创建一个引导层，如图 4-27 所示。在引导层上使用【铅笔工具】(铅笔模式为"平滑")，绘制一条引导线，效果如图 4-28 所示。

图 4-27　创建引导层

图 4-28　绘制引导线

(5) 选择"蝴蝶"图层中的第 1 帧，调整"蝴蝶"元件的位置，使其位于引导线开始的地方，并且变形中心和引导线对齐(拖动鼠标的时候要将鼠标放到元件的中心位置拖曳)。如图 4-29 所示。选中第 100 帧，将"蝴蝶"元件调整到引导线的末端，如图 4-30 所示。在"蝴蝶"图层第 1～100 帧的任意帧，右击，在弹出的快捷菜单中选择【创建传统补间】命令，则创建了补间动画，如图 4-31 和图 4-32 所示。

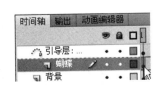

图 4-29　设置"蝴蝶"的起始位置

(6) 为了保证蝴蝶在飞行过程中的方向能和引导线一致，则需要单击传统补间中的任意帧，选中【属性】面板中的【调整到路径】复选框，如图 4-33 所示。则可以实现"蝴蝶"元件的路径旋转方向沿着引导线方向进行自我调整，如图 4-34 所示。

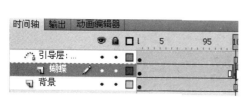

图 4-30 设置"蝴蝶"的最终位置

图 4-31 创建传统补间

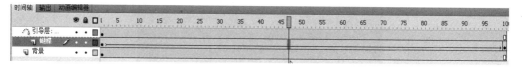

图 4-32 创建传统补间后时间轴效果

图 4-33 调整蝴蝶方向

图 4-34 蝴蝶同步路径旋转效果

任务实践

一、制作"蜡烛效果"元件

1. 绘制"烛焰"元件

(1) 新建一个 Flash CS6 影片文档。设置舞台背景颜色为蓝色，其他保持默认设置。

(2) 选择【插入】→【新建元件】命令，或者按组合键 Ctrl+F8，弹出【创建新元件】对话框，在【名称】文本框中输入元件【名称】为"烛焰"，选择【类型】为【图形】，如图 4-35 所示。

(3) 单击【确定】按钮，进入"烛焰"元件的编辑场景。使用【椭圆工具】绘制一个仅有边框无填充色的椭圆，使用【选择工具】进行调整，如图 4-36 所示。

蜡烛元件制作.mp4

图 4-35 创建"烛焰"元件

图 4-36 绘制椭圆

(4) 选择【窗口】→【颜色】命令，在打开的【颜色】面板中将填充样式设为【径向渐变】。在渐变条上将左边色标设置为白色，并拖动到偏右方以加大白色在整个渐变色中的比例。将右边色标设置为黄色，如图 4-37 所示。

(5) 将场景中的图形用【颜料桶工具】 填充渐变色后，再使用【渐变变形工具】进行调整。选择【渐变变形工具】，单击"烛焰"填充色，会出现一个边上带有三个手柄的环形边框。我们用鼠标分别按住中心的圆圈或边上的手柄里推外拉、上下左右地进行调整，现在将烛焰的颜色调整为上下略带一点黄色，上边黄色略多，如图 4-38 和图 4-39 所示。

图 4-37 渐变设置

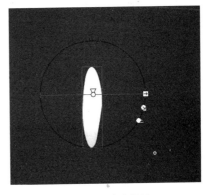

图 4-38 填充渐变

2. 绘制"烛身"元件

(1) 选择【插入】→【新建元件】命令，或者按组合键 Ctrl+F8，弹出【创建新元件】对话框，在【名称】文本框中输入元件【名称】为"烛身"，设置【类型】为【图形】。

(2) 单击【确定】按钮，进入"烛身"元件的编辑场景。使用【椭圆工具】绘制一个仅有边框无填充色的椭圆，使用【选择工具】略加调整，并使用【任意变形工具】进行旋转，如图 4-40 所示。

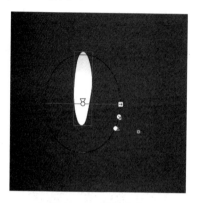
图 4-39　调整渐变

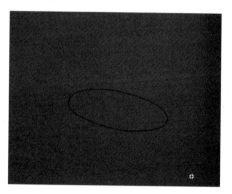
图 4-40　创建"烛身"

(3) 打开【颜色】面板，填充样式设为【径向渐变】。在渐变条上将左边色标设置为黄色(#F5DD38)，并拖动到偏右方；将右边色标设置为红色(#F76648)，如图 4-41 所示。

(4) 填充渐变色后，使用【渐变变形工具】进行调整，效果如图 4-42 所示。

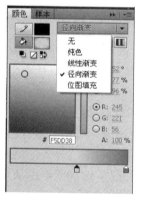
图 4-41　渐变色设置

图 4-42　填充渐变

(5) 为使烛身更漂亮，在刚刚制作好的图形旁边绘制一个无边框的椭圆，颜色填充设置如图 4-43 左图所示。左边色标设置为#F76648，右边色标设置为#F5DD38。绘制好后用【任意变形工具】进行调整倾斜，如图 4-43 右图所示。

(6) 使用【选择工具】将绘制好的椭圆拖放到烛身上，双击小的椭圆，去掉边框，然后调整椭圆的位置，如图 4-44 所示。

(7) 选择【刷子工具】，在选项中将刷子大小设置为略小一点的笔刷，填充色设为淡黄色，在烛身上添加高光，删除边框线条，完成烛身元件造型，如图 4-45 所示。

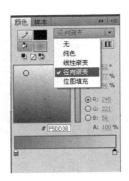

图 4-43 绘制小椭圆

图 4-44 椭圆调整

3. 绘制"烛光"元件

(1) 选择【插入】→【新建元件】命令，或者按组合键 Ctrl+F8，弹出【创建新元件】对话框，在【名称】文本框中输入元件【名称】为"烛光"，设置【类型】为【图形】。

(2) 单击【确定】按钮，进入"烛光"元件的编辑场景。打开【颜色】面板，填充样式设为【径向渐变】。将光标移近渐变条，当鼠标指针右下角出现符号 时，单击后会在渐变条上增加一个色标。将左边色标设置为黄色，并稍向右移；中间色标设置为红色，右边色标设置为白色，为使光焰呈模糊虚幻而不突兀，将右边白色色标的 Alpha 值调整为零，如图 4-46 所示。

图 4-45 刷子工具添加高光　　　　图 4-46 "烛光"渐变色设置

(3) 使用【椭圆工具】绘制一个无边框的正圆，如图 4-47 所示，使用【任意变形工具】将其纵向收缩，如图 4-48 所示。

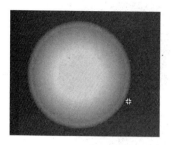

图 4-47 绘制正圆

图 4-48 纵向收缩

4. 组装"蜡烛"元件

(1) 新建一个名字为"蜡烛"的图形元件,进入到这个元件的编辑场景中。

(2) "蜡烛"元件共分 3 层。先制作"烛身"层。双击【时间轴】面板上的"图层 1",将"图层 1"改名为"烛身",如图 4-49 所示。

(3) 按 Ctrl+L 组合键打开【库】面板,将"烛身"元件拖放到舞台上,如图 4-50 所示。选中该元件,多次按 Ctrl+D 组合键进行复制(图中为 15 次),选中最后一个图形,拖动到下面的位置,和上面隔开一定距离,然后将所有的元件全选,选择【窗口】→【对齐】命令,打开【对齐】面板,选择左对齐和垂直平均间隔,如图 4-51~图 4-53 所示。

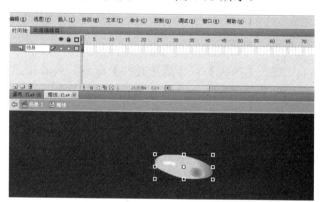

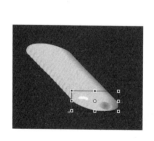

图 4-49 修改图层名

图 4-50 将元件拖到舞台上

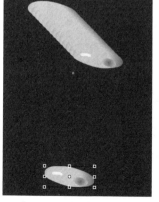

图 4-51 复制元件

图 4-52 对齐设置

(4) 使用【选择工具】和【任意变形工具】对最上面和最下面的元件进行调整，如图 4-54 所示。

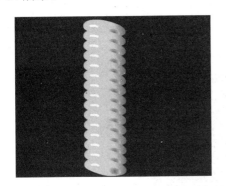
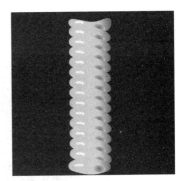

图 4-53 对齐后效果　　　　　　　　图 4-54 调整对象

(5) 新建图层，命名为"烛焰"。将【库】面板中"烛焰"元件拖放到合适位置，如图 4-55 所示。

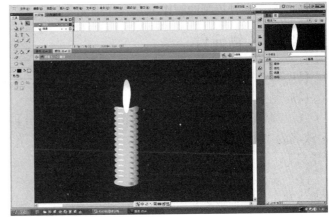

图 4-55 制作"蜡烛"效果

(6) 插入一个新图层，将图层改名为"烛光"。将"烛光"元件拖放到舞台上。调整图层顺序，用鼠标选择"烛身"图层，将它拖放到最上方，按照此方法将 3 个图层顺序排列为烛身、烛焰、烛光，如图 4-56 所示。

(7) 在【属性】面板中将背景色改为黑色，使蜡烛的色彩更明亮。完成后的蜡烛如图 4-57 所示。

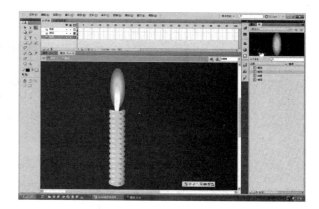

图 4-56 时间轴及舞台效果

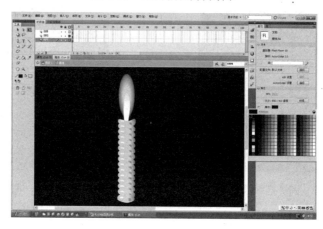

图 4-57 设置背景色

(8) 利用逐帧动画的制作方式制作烛光的摇摆。

二、制作礼物元件

(1) 打开"生日贺卡.fla"源文件。

(2) 制作"礼物 1"元件。

① 新建一个元件,设置【类型】为【影片剪辑】、【名称】为"礼物 1"。将"图层 1"改名为"背景",选择【文件】→【导入】→【导入到舞台】命令,将 13.jpg 导入作为背景层。

② 新建一个图层,名称为"文字",输入文字"荧荧的背景灯照耀你的脸颊,虽然微弱,却可以延伸很远,许个心愿,让满天的星都为你祝福!",利用逐帧动画的方式实现文字的出现。

③ 新建一个图层,名称为"返回按钮",为其添加"返回"按钮元件,效果如图 4-58 所示。

(3) 制作"礼物 2"元件。

① 新建一个元件,设置【类型】为【影片剪辑】、【名称】为"礼物 2"。选择【文件】→【导入】→【导入到舞台】命令,将 7.jpg 导入到舞台。利用传统补间动画属性中的旋转属性制作图片的旋转出现。

② 新建一个图层,在第 30 帧处插入关键帧,输入文字"高兴晕了吧!",直到 50 帧。

③ 新建一个图层,名称为"返回按钮",为其添加"返回"按钮元件,效果如图 4-59 所示。

图 4-58 制作礼物 1

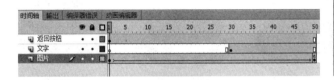

图 4-59 制作礼物 2

三、制作"蛋糕"元件

(1) 打开"生日贺卡.fla"源文件。

(2) 新建一个元件,设置【名称】为"蛋糕"、【类型】为【影片剪辑】,单击【确定】按钮,进入元件编辑区。

蛋糕效果.mp4

(3) 利用【文件】→【导入】→【导入到舞台】命令,导入蛋糕图片,如图 4-60 所示。利用前面讲过的勾勒方式进行蛋糕的勾勒,如图 4-61 所示。

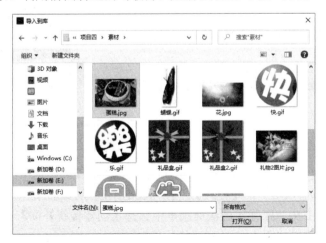

图 4-60 导入图片

图 4-61　蛋糕勾勒效果

(4) 新建一个元件，设置【名称】为"蛋糕效果"、【类型】为【影片剪辑】，单击【确定】按钮进入元件编辑区。

(5) 在"图层 1"中，利用逐帧动画的方式在第 5、10、15 帧处插入关键帧，制作成三层蛋糕逐渐出现的效果。时间轴和蛋糕效果如图 4-62 所示。

图 4-62　蛋糕动画制作过程

(6) 将"图层 1"延伸至 110 帧，在 110 帧处按 F9 键插入动作 stop();。

(7) 新建一个图层，重命名为"蜡烛"，在第 18、22、25、28 帧一直到 46 帧处插入关键帧，利用逐帧动画的方式设置蜡烛的出现，一直延伸至 110 帧。部分效果如图 4-63～图 4-65 所示。

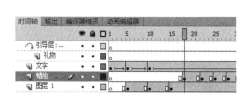

图 4-63　"蜡烛"动画效果 1

(8) 新建一个图层，名称为"文字"，在第 1 帧处将"文字效果 1"元件拖进来，在【对齐】面板中选择相对于舞台水平中齐，在第 50 帧处插入关键帧，选中第 1 帧，在其【属性】面板的【色彩效果】卷展栏中的【样式】下拉列表框中选择 Alpha 选项，将其 Alpha 设置为 0。在其中任意帧，右击，在弹出的快捷菜单中选择【创建传统补间】命令，时间轴效果如图 4-66 所示，舞台效果如图 4-67 所示。

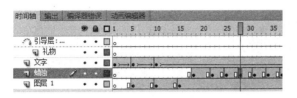

图 4-64 "蜡烛"动画效果 2

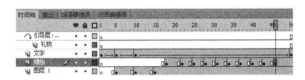

图 4-65 "蜡烛"动画效果 3

图 4-66 时间轴效果

图 4-67 舞台效果

(9) 新建一个图层，名称为"礼物"，在第 51 帧处插入关键帧，将"礼品盒"元件拖入进来，单击此元件，选择【修改】→【转换为元件】命令，在出现的【转换为元件】对话框中，将【名称】改为"礼 1"，【类型】设置为【按钮】，单击【确定】按钮，如

图 4-68 所示。

图 4-68 "礼品盒"元件转换

(10) 在第 80 帧处插入关键帧。在此层上添加传统运动引导层,用铅笔工具设置礼物盒出现的路径。选择第 51 帧和第 80 帧,在路径上设置好起始点和结束点,创建传统补间动画。并将 80 帧处的"礼 1"按钮插入动作代码:on(release){gotoAndStop(111);}。时间轴与礼 1 效果如图 4-69 和图 4-70 所示。

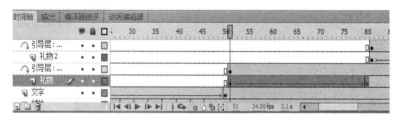

图 4-69 "礼 1"引导动画时间轴效果

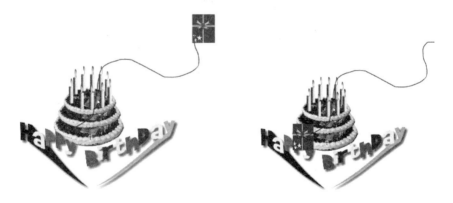

图 4-70 "礼 1"舞台效果

(11) 用同样的方法在第 81~110 帧实现礼盒 2 出现的方式,并对 110 帧处的"礼 2"按钮插入动作代码:on (release) {gotoAndStop(112);},如图 4-71 和图 4-72 所示。

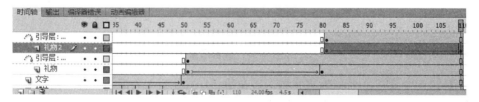

图 4-71 "礼 2"引导动画时间轴效果

(12) 新建一个图层，名称为"收礼物"，在第 95 帧处插入关键帧，输入文本"快乐收礼物吧！"，一直延伸到 110 帧。

(13) 新建一个图层，名称为"礼品"，在第 111 帧处插入关键帧，将"礼物 1"影片剪辑拖入舞台，在第 112 帧处插入关键帧，将"礼物 2"拖入舞台，如图 4-73 和图 4-74 所示。

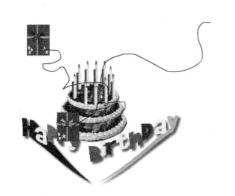 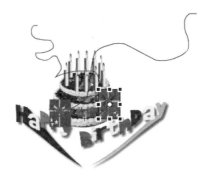

图 4-72 "礼 2"舞台效果

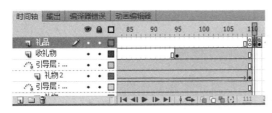 

图 4-73 添加礼物 1 元件

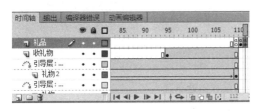 

图 4-74 添加礼物 2 元件

(14) 新建一个图层，名称为 as，在第 110 帧处插入关键帧，按 F9 键打开【动作】面板，输入代码 stop();。单击第 111、112 帧，选择礼物 1 和礼物 2 元件，分别双击进入其元件编辑内部，右击"返回"按钮，在弹出的快捷菜单中选择【动作】命令，在【动作】面板中输入动作代码：on(release) {Object(this._parent).gotoAndStop(110);}，如图 4-75 所示。

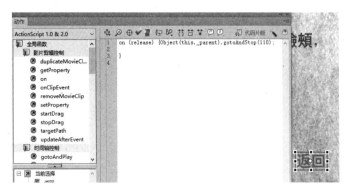

图 4-75　添加"返回"按钮动作

任务三　制作动画场景

知识储备

一、创建遮罩层动画

遮罩动画是 Flash 的一种基本动画方式,制作遮罩动画至少需要两个图层,即遮罩层和被遮罩层。在时间轴上,位于上层的图层是遮罩层,这个遮罩层中的对象就像一个窗口一样,透过它的填充区域可以看到位于其下方的被遮罩层中的区域。而任何的非填充区域都是不透明的,被遮罩层在此区域中的图像将不可见。

1. 一个图层遮罩一个图层

在一个图层中放置被遮罩的对象,如这里放置一张喜羊羊图片。在该图层上创建一个新图层,在该图层中放置用于遮罩的对象,如这里放置一个椭圆。在【时间轴】面板中右击放置遮罩对象的图层,在弹出的快捷菜单中选择【遮罩层】命令,将该图层转换为遮罩图层,此时即可获得需要的遮罩效果,如图 4-76 和图 4-77 所示。

图 4-76　设置遮罩层和被遮罩层

图 4-77　创建遮罩效果

2. 一个图层遮罩多个图层

在 Flash 中一个遮罩图层可以同时遮罩多个被遮罩图层，如果想设置一个图层遮罩多个图层，则在把某个图层设置为遮罩层时，它下面的图层自动被设置为被遮罩层。当需要使一个图层遮罩多个图层时，可以通过下面两种方法实现。

(1) 当需要被添加为被遮罩层的图层位于遮罩层的上方时，选中该图层，单击并拖动它到遮罩层下方。

(2) 当需要被添加为被遮罩层的图层位于遮罩层的下方时，在该图层上右击，在弹出的快捷菜单中选择【属性】命令，打开【图层属性】对话框，选择【类型】为【遮罩层】。

> 提示：如果需要取消遮罩与被遮罩的关系，可以在被遮罩层打开【图层属性】对话框，设置【类型】为【一般】或者把该图层拖动到遮罩层上方。

二、制作遮罩层动画案例

下面制作一个"闪闪的红星"遮罩动画案例，具体操作方法如下。

遮罩动画—红星闪闪.mp4

(1) 启动 Adobe Flash CS6，新建一个文档，背景颜色和舞台大小默认，保存文档，命名为"闪闪的红星"。

(2) 绘制"放射圆"元件。

① 新建一个元件，设置【名称】为"放射圆 1"，使用工具箱中的【椭圆工具】 和【线条工具】 绘制一个粗细为 4 的椭圆和直线，并用【任意变形工具】把直线的中心点调整至圆的中心点，如图 4-78 所示。

图 4-78　绘制元件

② 选择【窗口】→【变形】命令，打开【变形】面板。设置旋转角度为 10°，单击【应用复制】按钮 35 次。选中所有线条，选择【修改】→【形状】→【将线条转换为填充】命令，得到如图 4-79 所示的"放射圆 1"图形元件。

③ 新建一个"放射圆 2"的图形元件。把"放射圆 1"拖入舞台中并水平翻转，如图 4-80 所示。

图 4-79　放射圆 1

图 4-80　放射圆 2

(3) 制作"光芒闪闪"影片剪辑元件。

① 新建一个"光芒闪闪"的影片剪辑元件。把"放射圆 1"拖入舞台中，改变色调为

"黄色调",并设置一个 100 帧的动作补间动画,使它"逆时针"旋转一周。

② 新建一个图层,把"放射圆 2"拖入舞台中,设置该图层为"遮罩层"。得到的效果如图 4-81 所示。

(4) 制作"五角星"图形元件。

① 新建一个"五角星"图形元件。

② 利用工具箱中的【多边形工具】和【线条工具】绘制一个五角星,如图 4-82 所示。

图 4-81 光芒闪闪   图 4-82 五角星元件

(5) 整合图形。

① 在场景 1 里分别新建"背景""光芒"和"五角星"3 个图层。

② 在"背景"图层里绘制一个浅蓝色的矩形背景。

③ 把做好的"光芒闪闪"元件和"五角星"元件分别拖入对应的图层里。

(6) 测试影片,保存并导出影片。

任务实践

制作生日贺卡的步骤如下。

(1) 打开"生日贺卡.fla",制作开始场景动画。

(2) 将"图层 1"名称修改为"背景",将"背景"图形元件拖进来,并延伸至 100 帧。

生日贺卡场景制作.mp4

(3) 新建一个图层,设置【名称】为"蜡烛",将红色蜡烛元件多次复制,摆成如图 4-83 所示效果的形状,并延伸至 100 帧。

图 4-83 蜡烛图

(4) 新建图层,设置【名称】为"文字",输入如下文字"特别的日子,送给特别的你,祝你生日快乐,快来收礼物吧",并利用遮罩层的方式使文字逐渐显示,如图 4-84 所示。

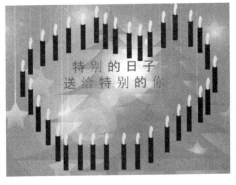

图 4-84 制作文字遮罩动画

(5) 新建图层,设置【名称】为"生日快乐",在第 61~100 帧插入"生日快乐"元件,利用逐帧动画效果使之出现。并在第 100 帧处插入一个"点击"按钮,如图 4-85 所示。选择"点击"按钮,右击,在弹出的快捷菜单中选择【动作】命令,输入动作代码 on (release) {gotoAndStop(101);}。

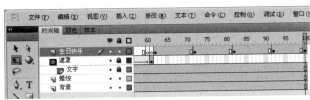

图 4-85 文字出现效果

(6) 新建一个图层,名称为"as",在第 100 帧处插入关键帧,按 F9 键进入【动作】面板,输入代码 stop();。

(7) 新建一个图层,名称为"礼物",在第 101 帧处插入关键帧,将"蛋糕效果"影片剪辑拖入进来。

(8) 按 Ctrl+Enter 组合键测试影片,影片部分效果如图 4-86 所示。

图 4-86 影片效果图

上机实训 中秋节贺卡的制作

【实训背景】

马上就要过中秋节了，学生可以发挥自己的想象力，为好友制作一个中秋节贺卡发给他们。

【实训内容和要求】

本次上机实训是在中秋节月明之际，通过赏景吟诗引出中秋节吃月饼的习俗来。要求能正确应用素材制作出中秋节贺卡。

【实训步骤】

本实训的制作步骤如下。

(1) 打开 Flash CS6 软件，新建一个文档，设置属性大小为 800×450，背景颜色默认，保存为"中秋节.fla"。

(2) 将中秋节贺卡所需要的素材导入到库中，如图 4-87 所示。

图 4-87 导入素材

(3) 将"图层 1"改名为"背景"，在第 1 帧处插入关键帧，将库中的"背景"图片拖到舞台中，与舞台垂直水平居中对齐，并延伸到第 100 帧。

(4) 新建一个图层，命名为"月"，在第 1 帧处插入关键帧，将库中的"月"图片拖动到舞台中，右击，在弹出的快捷菜单中选择【转换为元件】命令，弹出【转换为元件】对话框，输入【名称】为"月"，设置【类型】为【图形】，单击【确定】按钮，如图 4-88 所示。将"月"元件拖动到合适的位置，设置其属性大小为 30×30，并将其属性中的 Alpha 修改为 10%。在第 100 帧处插入关键帧，将"月"元件拖动到背景的右上方位置，设置其属性大小为 100×100，Alpha 值为 100%。在第 1~100 帧任意帧上右击，在弹出的快捷菜单中选择【创建传统补间】命令，为月亮的升起制作补间效果，如图 4-89 所示。

(5) 新建一个图层，命名为"树"，在第 1 帧处插入关键帧，将库中的"树"图片拖动到舞台中，右击，在弹出的快捷菜单中选择【转换为元件】命令，弹出【转换为元件】对话框，输入【名称】为"树"，设置【类型】为【图形】，单击【确定】按钮。用第(4)

步的方法为"树"元件在第 1~100 帧之间创建传统补间,为树的出现制作补间效果。

图 4-88 【转换为元件】对话框

图 4-89 效果图

(6) 新建一个图层,命名为"诗词",在第 25 帧处插入关键帧,选择【文本工具】,在【属性】面板中设置文字为静态垂直从左往右,输入文字为"海上生明月 天涯共此时",如图 4-90 和图 4-91 所示。设置其字符间距为 6,行距为 20,如图 4-92 和图 4-93 所示。添加滤镜效果为发光,颜色为白色,模糊为 10 像素,如图 4-94 和图 4-95 所示。并将诗词延续到第 100 帧。

图 4-90 设置文本方向　　　　　　　　图 4-91 输入文本

图 4-92 设置字符间距　　　　　　　　图 4-93 设置行距间隔

图 4-94 设置滤镜效果

图 4-95 效果图

(7) 在"诗词"上面新建一个图层,名称为"诗词遮罩",在第 25 帧处插入关键帧,绘制矩形框并放到文字的上方,在第 60 帧处插入关键帧,利用【任意变形工具】拖动矩形框覆盖左边的文字,并且为其创建形状补间。在第 61 帧处插入关键帧,在右侧文字上方绘制矩形框,在第 99 帧处插入关键帧,同样利用【任意变形工具】拖动矩形框覆盖右边的文字,并且为其创建形状补间。绘制矩形的效果如图 4-96 所示。其时间轴效果如图 4-97 所示。

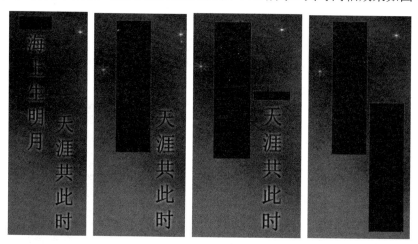

图 4-96 绘制矩形框效果

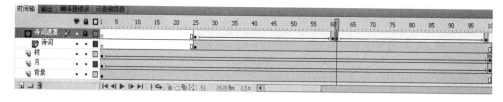

图 4-97 时间轴效果

(8) 选中"诗词遮罩"图层,右击,在弹出的快捷菜单中选择【遮罩层】命令,将其设置为遮罩层。

(9) 在"背景"图层的上面新建一个图层,命名为"小女孩",将"小女孩"元件拖入舞台中,在第 30~99 帧创建传统补间动画。在第 100 帧处插入关键帧,放入小女孩的静态图片,加上文字"如此佳景 吟诗一首",延续到第 114 帧,让其存在一段时间。同时"树""月"图层也延续到 114 帧,如图 4-98 所示。

图 4-98　效果图

(10) 新建"月饼"和"文字"图层,用设置 Alpha 的方法创建传统补间,使其从无到有。

(11) 将背景图层延续到第 144 帧。新建"祝语"图层和"祝语遮罩"图层,用创建形状补间的方法创建遮罩效果,如图 4-99 所示。最终的时间轴效果和影片效果如图 4-100 和图 4-101 所示。

图 4-99　遮罩效果

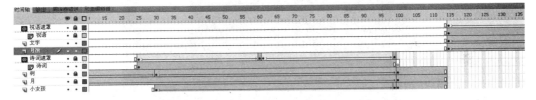

图 4-100　时间轴效果

图 4-101　影片效果部分截图

【实训素材】

实例文件存储于"网络资源\源文件\项目四\中秋节.fla"中。

习　　题

一、选择题

1. 如图 4-102 所示,要想单独改变文字的属性,下列说法错误的是(　　)。
   A. 能够单独改变的文字属性包括颜色、字体、字号等
   B. 行距只对全文段落统一设置,无法单独应用于某几行
   C. 能够单独改变的文字属性包括粗体、斜体等
   D. 要单独设置某个或某些文字,可使用【文本工具】单击要选的文字

图 4-102　文字图形

2. 如图 4-103 所示使用了垂直文字功能,以下关于垂直文字的描述错误的是(　　)。

图 4-103　垂直文字

   A. 可以直接通过设置输入垂直文字,但不能把水平文字转换为垂直文字
   B. 可以把水平文字转换为垂直文字,但不能直接通过设置输入垂直文字
   C. 可以直接通过设置输入垂直文字,也可以把水平文字转换为垂直文字
   D. 以上说法都不对

3. 以下关于按钮元件时间轴的叙述,正确的是(　　)。

A. 按钮元件的时间轴与主电影的时间轴是一样的，而且它会通过跳转到不同的帧，来响应鼠标指针的移动和动作

B. 按钮元件中包含了 4 个帧，分别是 Up、Down、Over 和 Hit 帧

C. 按钮元件时间轴上的帧可以被赋予帧动作脚本

D. 按钮元件必须为其 4 帧都插入关键帧

4. 下列关于元件和元件库的叙述，不正确的是(　　)。

A. Flash 中的元件有 3 种类型

B. 元件从元件库拖到工作区就成了实例，实例可以进行复制、缩放等各种操作

C. 对实例的操作，元件库中的元件会同步变更

D. 对元件的修改，舞台上的实例会同步变更

5. 下列参数中，不能在"创建元件"对话框中设置的选项是(　　)。

A. 名称　　　　B. 类型　　　　C. 注册点　　　　D. 链接

6. 以下关于图形元件的叙述，正确的是(　　)。

A. 图形元件可重复使用　　　　B. 图形元件不可重复使用

C. 可以在图形元件中使用声音　　D. 可以在图形元件中使用交互式控件

7. 以下关于使用元件优点的叙述，不正确的是(　　)。

A. 使用元件可以使电影的编辑更加简单化

B. 使用元件可以使发布文件的大小显著地缩减

C. 使用元件可以使电影的播放速度加快

D. 使用元件可以使动画更加漂亮

二、填空题

1. 如图 4-104 所示，请描述制作变形字的操作步骤。

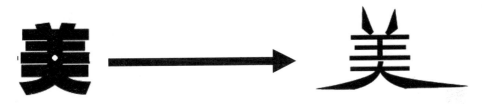

图 4-104　制作变形字

2. 按_____组合键可以打开【库】面板。

3. Flash 元件包括_____、_____和_____3 种。

三、思考题

1. 简述在 Flash 中 3 种文本类型的特征和作用。

2. 简述 Flash 中元件的类型及其基本特征。

项目五

制作"采蘑菇的小姑娘"MTV

【项目导入】

学生选择以"采蘑菇的小姑娘"为主题制作一个 MTV，主要通过单击【播放】按钮，伴着音乐进入"采蘑菇的小姑娘"MTV 的播放，效果如图 5-1 所示。

具体制作步骤如下。

(1) 搜集"采蘑菇的小姑娘"MTV 制作所需要的素材。
(2) 制作 MTV 前序曲目的出现。
(3) 导入 MP3 歌曲，与制作歌词的同步。
(4) 制作歌曲所需要的图片展示和效果元件，如图 5-2 所示。

图 5-1 效果图

图 5-2 图片展示与歌词同步图

(5) 主场景进行组合元件，形成最终的 MTV 作品。

【项目分析】

本项目可以实现 Flash 动画的基本制作方法，学习逐帧动画、传统补间动画、传统补间形状动画、引导层动画、遮罩层动画等多种动画的制作原理、方法和技巧。了解它们的特点，能够根据需要灵活选择动画类型来完成作品的制作，并实现帧的复制和歌曲的导入。

【能力目标】

- 能利用基础动画方法制作歌曲与歌词的同步。
- 能利用 Flash CS6 软件设计并制作 MTV。

【知识目标】

- 了解时间轴与帧的概念与功能。
- 熟练掌握引导层动画的制作。
- 掌握遮罩层动画的制作。

任务一 MTV 序幕场景的制作

知识储备

一、素材的导入

选择【文件】→【导入】→【导入到库】命令，打开【导入到库】对话框，选中所需要的图片，单击【打开】按钮，将所需要的素材图片导入到库中，如图 5-3 所示。

图 5-3 素材导入

二、"按钮"元件的建立和使用

1. 按钮元件的建立

在本任务中使用了两种建立"按钮"元件的方法。

第一种方法：选择【插入】→【新建元件】命令，打开【创建新元件】对话框，命名新元件的名称和类型，即可进入到元件的编辑环境中，可以在此环境中绘制所需的图形。在这种情况下，主场景的舞台上并没有该元件的实例。

第二种方法：利用 Flash 自带的元件库里的元件。

1) 方法 1 创建按钮案例

(1) 选择【插入】→【新建元件】命令，打开【创建新元件】对话框，在对话框中输入名称"按钮 1"，类型为"按钮"，单击【确定】按钮，进入到元件的编辑环境中，会发现这个元件上总共包括 4 种状态："弹起""指针经过""按下"和"点击"，如图 5-4 所示。

(2) "弹起"指的是按钮最初状态(当鼠标移开时恢复的效果)。选中弹起帧，插入关键帧，绘制一个圆形，颜色为红色。相对于舞台水平垂直居中对齐。

(3) "指针经过"指的是当鼠标移到按钮上方时所显示的效果。选中指针经过帧，插入关键帧，将圆形的颜色改为蓝色。相对于舞台水平垂直居中对齐。

(4) "按下"指的是当鼠标单击时所显示的效果。选中按下帧，插入关键帧，将圆形的颜色改为黄色。相对于舞台水平垂直居中对齐。时间轴和舞台效果如图 5-5 所示。

图 5-4 "按钮"的 4 种状态

图 5-5 时间轴和舞台效果

(5) 将创建的"按钮 1"拖动到场景中，可以观看按钮效果。

2) 方法 2 创建按钮案例

(1) 不需要创建按钮元件，只需要在舞台上选择【窗口】→【公用库】→【按钮】命令，打开按钮公用库，如图 5-6 所示。

(2) 选择一个公用按钮并拖动到舞台中即可。

2. 在按钮元件上添加代码的方法

首先确定舞台上的按钮元件，然后选中右击，在弹出的快捷菜单中选择【动作】命令，面板上会出现"按钮"，这说明现在是在按钮上添加动作，也可以选中舞台上的按钮元件，打开【动作】面板添加代码，如图5-7所示。

提示：把代码添加到帧上，那么按钮将不起作用。

图 5-6 公用库按钮

三、【线条工具】的使用

线条工具擅长的是绘制直线，可以通过【属性】面板来设置线条的颜色、粗细和样式等，使用方法同【钢笔工具】的【属性】面板。

提示： 在使用【线条工具】绘制直线时，按住 Shift 键可以绘制水平、竖直方向上的直线，也可以绘制出倾斜45°的直线。

四、铅笔工具的使用

铅笔工具使用起来就像一支铅笔，可以绘制出任意形状的线条和图形。【铅笔工具】有3种绘图模式，即"直线化""平滑"和"墨水"，如图5-8所示。直线化绘图模式适合绘制规则的线条，并且绘制的线条会分段转换成直线、圆、椭圆、矩形等规则线条中最接近的一种线条；平滑绘图模式会自动将绘制的曲线转换为平滑的曲线；而墨水绘图模式绘制出的线条接近徒手画的线条。另外，"铅笔工具"的【属性】面板和"钢笔工具""线条工具"的非常相似，使用方法也相同。只是当选择"平滑"绘图模式时，多了一个【平滑】选项，其中的数值越大，绘制出的线条越平滑。

铅笔工具.mp4

图 5-7 按钮添加代码

图 5-8 铅笔模式

提示： 在使用【铅笔工具】的过程中按住 Shift 键，则线的延伸方向将被限制在水平、竖直方向上。

五、文字作为遮罩层的动画制作

1. 文字内部作为遮罩层

1) 被遮罩层为静态的

(1) 新建一个 Flash 文档，属性设置为默认，保存为"遮

文字遮罩层动画制作.mp4

罩"。将"图层 1"改名为"文本",在第 1 帧中插入关键帧,在舞台上输入文字 Flash,字体为 Arial Black,大小为 120,颜色设置默认,如图 5-9 所示。

(2) 新建一个图层,名称为"颜色",将其拖到"文本"的下方。在舞台中绘制一个矩形框,选择【窗口】→【颜色】命令,打开【颜色】面板,设置填充颜色为"线性渐变",多添加几种颜色,以体现颜色的多样性及对比效果,如图 5-10 所示。

图 5-9 输入文本

图 5-10 矩形填充颜色效果

(3) 用鼠标右键选择"文本"图层,在弹出的快捷菜单中选择【遮罩层】命令,即可创建遮罩效果,如图 5-11 和图 5-12 所示。

图 5-11 创建遮罩层

图 5-12 遮罩效果

2) 被遮罩层为动态的

(1) 新建一个 Flash 文档,属性设置为默认,保存为"遮罩 2"。将"图层 1"改名为"文本",在第 1 帧中插入关键帧,在舞台上输入文字 Flash,字体为 Arial Black,大小为 120,颜色为默认,并将其延伸到第 30 帧。

(2) 新建一个图层,名称为"颜色",选择"颜色"图层的第 1 帧,绘制一个矩形框,比文字范围长一些,使文本和矩形框的左边对齐。在第 30 帧处插入关键帧,将矩形框拖动到左边和文本右对齐,如图 5-13 和图 5-14 所示。

图 5-13 第 1 帧文字与矩形框的位置

图 5-14 第 30 帧文字与矩形框的位置

(3) 在第 1~30 帧之间的任意帧,右击,在弹出的快捷菜单中选择【创建传统补间】命令,为矩形框创建补间动画。

(4) 选择"文本"图层,右击,在弹出的快捷菜单中选择【遮罩层】命令,即可创建文本颜色的动态遮罩效果,如图 5-15 所示。

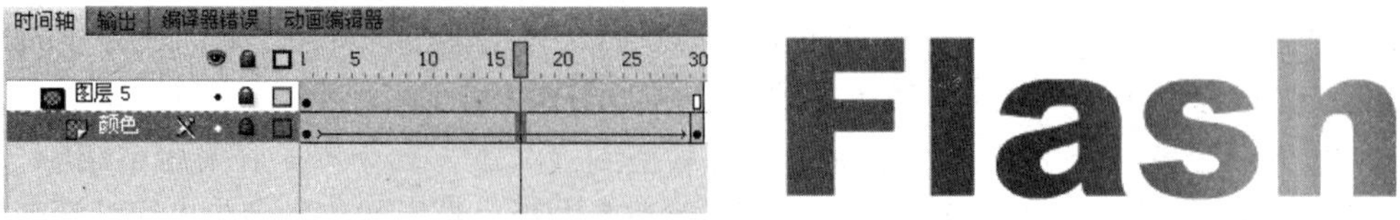

图 5-15　创建遮罩效果

2. 文本笔触线条作为遮罩层

1）被遮罩层为静态的

（1）新建一个 Flash 文档，属性设置为默认，保存为"线条遮罩"。将"图层 1"改名为"文本"，在第 1 帧中插入关键帧，在舞台上输入文字 Flash，字体为 Arial Black，大小为 120，颜色为默认，如图 5-16 所示。

（2）选中文字，右击，在弹出的快捷菜单中选择【分离】命令，如图 5-17 所示，将文字打散。需要分离两次才可以将文字完全分离，如图 5-18 和图 5-19 所示。

图 5-16　输入文本

图 5-17　分离文本

图 5-18　分离文本一次效果

图 5-19　分离文本二次效果

（3）利用【墨水瓶工具】  为文本的边缘线条填充红色，并将线条笔触设置为 5。利用【选择工具】选择文本的内部填充部分，如图 5-20 所示。按 Delete 键将其删除，效果如图 5-21 所示。

图 5-20　选择文本填充内容　　　　　　　图 5-21　删除文本填充内容

（4）新建一个图层，名称为"颜色"，将其拖到"文本"图层的下方。在舞台中绘制一个矩形框，选择【窗口】→【颜色】命令，打开【颜色】面板，设置填充颜色为"线性渐变"，多添加几种颜色，以体现颜色的多样性及对比效果，如图 5-22 所示。

(5) 选择文本，选择【修改】→【形状】→【将线条转换为填充】命令，如图 5-23 所示。选择"文本"图层，右击，在弹出的快捷菜单中选择【遮罩层】命令，即可创建遮罩效果，如图 5-24 所示。

图 5-22 矩形填充颜色效果

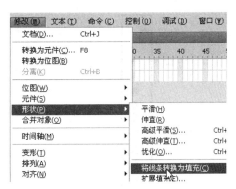

图 5-23 线条转换为填充

图 5-24 创建遮罩效果

2) 被遮罩层为动态的

被遮罩层为动态的制作方法与"文字内部作为遮罩层"的动态方法类同。

提示： 这个案例中的遮罩为一个镂空的文字色带，当用镂空的色带做遮罩时，有形体的部分下面的内容会正常显示，中间被镂空的部分则无法显示。

六、橡皮擦工具的使用

1. 橡皮擦工具

"橡皮擦工具"用于擦除不需要的部分，通过设置可以决定是擦除矢量图形的线条还是填充，或者两部分都擦除。在【橡皮擦工具】的"选项区"中，可以设置形状和大小，如图 5-25 所示。另外，"橡皮擦工具"像"刷子工具"一样有 5 种擦除模式：其中"标准擦除"模式主要擦除舞台上任意图形的线条和填充；"擦除填色"主要是擦除填充的内容，线条不受影响；"擦除线条"主要是擦除线条，填充不受影响；"擦除所选填充"主要是擦除选中区域的填充；"内部擦除"主要是擦除单击所在区域(封闭)的填充内容，如果起始点为空白，则不会擦除任何图形。5 种橡皮擦除模式如图 5-26 所示。

2. 利用橡皮擦工具制作毛笔写字效果

(1) 新建一个 Flash 文档，属性采用默认设置，保存为"毛笔

橡皮擦毛笔写字.mp4

写字"。

(2) 新建一个图形元件，设置【名称】为"毛笔"，利用绘图工具绘制毛笔效果，如图 5-27 所示。

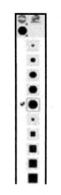

图 5-25 橡皮类型

图 5-26 5 种橡皮擦除模式

(3) 将"图层 1"改名为"文字"，在舞台中输入文本"中"，设置文本大小为 300。相对于舞台水平垂直都居中对齐，并将文字进行打散。在第 3 帧处插入关键帧，按照我们写字的笔画顺序逆序用橡皮工具进行擦除，同样在第 5、7、9 帧一直到第 47 帧全部擦除完为止。在第 1~47 帧，右击，在弹出的快捷菜单中选择【翻转帧】命令，则成为正确的笔画顺序。

(4) 新建一个图层，名称为"毛笔"，将毛笔元件拖到舞台中。在第 1 帧和第 3 帧处与文字的位置相对应。用同样的方法在第 5、7、9 到第 46 帧处插入关键帧，调整毛笔的位置和文字对应。部分效果如图 5-28 所示。

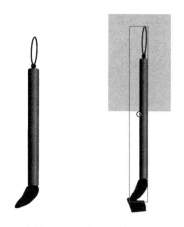

图 5-27 绘制毛笔

图 5-28 部分效果图

任务实践

本任务主要是制作 MTV 的背景序幕动态效果，具体操作步骤如下。

(1) 新建一个 Flash 文档，设置采用默认，将背景颜色选为蓝色，保存为 mtv。

(2) 选择【插入】→【新建元件】命令，在打开的【创建新元件】

mtv 序幕.mp4

对话框中设置【名称】为"圆"、【类型】为【影片剪辑】，在元件编辑区中绘制一个圆，无填充颜色，线条为3.5，颜色为深蓝色，如图5-29所示。

图5-29 创建"圆"元件

(3) 选择【插入】→【新建元件】命令，在打开的【创建新元件】对话框中设置【名称】为"炫的圆"、【类型】设置为【影片剪辑】。在其舞台时间轴的"图层1"中，在第1帧中拖入"圆"元件，大小为47.3，相对于舞台垂直水平对齐；第2帧中插入关键帧，选中元件，打开【属性】面板，选择【色彩效果】选项中的样式，将其属性中的颜色透明度设为0，如图5-30所示。

图5-30 设置属性Alpha

(4) 插入图层2，在第2帧中拖入"圆"元件，大小为56.7，相对于舞台垂直水平对齐；在第3帧处插入关键帧，选中元件，同样将其属性中的颜色透明度设为0。

(5) 插入图层3，在第3帧中拖入"圆"元件，大小为68.5，相对于舞台垂直水平对齐；在第6帧处插入关键帧，选中元件，同样将其属性中的颜色透明度设为0。选中任意帧，创建传统补间动画。

(6) 插入图层4，在第4帧中拖入"圆"元件，大小为79.7，相对于舞台垂直水平对齐；在第7帧处插入关键帧，选中元件，同样将其属性中的颜色透明度设为0。选中任意帧，创建传统补间动画。

(7) 插入图层5，在第5帧中拖入"圆"元件，大小为93.7，相对于舞台垂直水平对齐；在第9帧处插入关键帧，选中元件，同样将其属性中的颜色透明度设为0。选中任意帧，创建传统补间动画。

(8) 插入图层6，在第6帧中拖入"圆"元件，大小为111.7，相对于舞台垂直水平对齐；在第11帧处插入关键帧，选中元件，同样将其属性中的颜色透明度设为0。选中任意帧，创建传统补间动画。

(9) 插入图层 7，在第 7 帧中拖入"圆"元件，大小为 128.7，相对于舞台垂直水平对齐；在第 13 帧处插入关键帧，选中元件，同样将其属性中的颜色透明度设为 0。选中任意帧，创建传统补间动画。

(10) 插入图层 8，在第 8 帧中拖入"圆"元件，大小为 150.7，相对于舞台垂直水平对齐；在第 15 帧处插入关键帧，选中元件，同样将其属性中的颜色透明度设为 0。选中任意帧，创建传统补间动画。最终时间轴效果如图 5-31 所示。

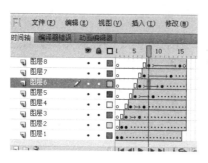 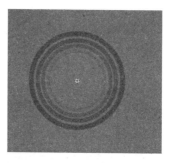

图 5-31 制作"炫的圆"元件

(11) 选择【插入】→【新建元件】命令，在打开的【创建新元件】对话框中设置【名称】为"蝴蝶身躯"、【类型】为【影片剪辑】，在工作区中用【钢笔工具】和【铅笔工具】绘制如图 5-32 所示的图形。同样的方法绘制"蝴蝶翅膀"元件，如图 5-33 所示。

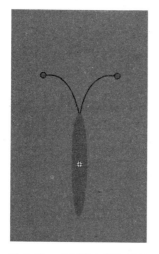 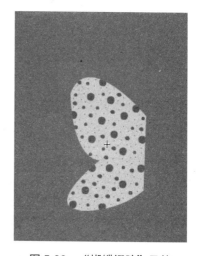

图 5-32 "蝴蝶身躯"元件 　　　　图 5-33 "蝴蝶翅膀"元件

(12) 选择【插入】→【新建元件】命令，在打开的【创建新元件】对话框中设置【名称】为"蝴蝶"、【类型】为【影片剪辑】，将"图层 1"改名为"身躯"，在其第 1 帧添加关键帧，将"蝴蝶身躯"元件拖入工作区，在第 10 帧右击，在弹出的快捷菜单中选择【插入帧】命令。

(13) 新建一个图层，命名为"左翅膀"，在第 1 帧中添加关键帧，将"蝴蝶翅膀"元件拖入工作区；在第 5 帧中添加关键帧，利用【任意变形工具】修改翅膀形状；在第 10 帧中插入关键帧，内容和第 1 帧的相同，效果使其动起来。同样新建一个"右翅膀"图层，在第 1 帧中添加关键帧，将"蝴蝶翅膀"元件拖入工作区，利用【任意变形工具】使其水平翻转，右翅膀的动画过程和左翅膀的相同。时间轴效果与动画效果如图 5-34～图 5-36 所示。

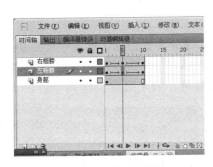

图 5-34　时间轴效果

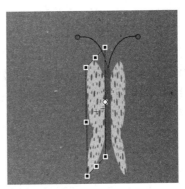

图 5-35　"左翅膀"动画

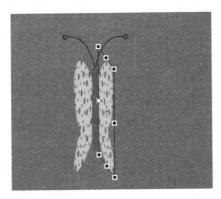

图 5-36　"右翅膀"动画

(14) 选择【插入】→【新建元件】命令，在打开的【创建新元件】对话框中设置【名称】为"蝴蝶飞舞"、【类型】为【影片剪辑】，将"图层 1"改名为"蝴蝶"，在其第 1 帧中添加关键帧，将"蝴蝶"元件拖入工作区，添加传统运动引导层，命名为"引导层"，在其第 1 帧中添加关键帧，在工作区中用【铅笔工具】绘制一条运动轨迹的曲线，并且延伸到第 50 帧。选择"蝴蝶"图层，选中第 1 帧，用【选择工具】选中"蝴蝶"元件进行贴紧到引导线的开始点，如图 5-37 所示。再选中第 50 帧插入关键帧，用【选择工具】选中"蝴蝶"元件进行贴紧到引导线的结束点，如图 5-38 所示。单击其中的任意一帧，右击，在弹出的快捷菜单中选择【创建传统补间】命令。时间轴效果与动画效果如图 5-39 和图 5-40 所示。

图 5-37　起始点设置

图 5-38　结束点设置

(15) 进入场景中，在"图层 1"的第 1 帧中，将"炫的圆"元件拖入场景，多次拖入，随便设置其大小，新建一个图层，在第 1 帧中插入关键帧，将"蝴蝶飞舞"拖入场景。时间轴效果和动画效果如图 5-41 和图 5-42 所示。

（16）新建一个图层，名称为"歌曲名"，选中第 1 帧插入关键帧，利用【文本工具】在编辑区中输入"采蘑菇的小姑娘"，文字大小为 60，相对于舞台居中对齐，如图 5-43 和图 5-44 所示。

（17）选中文字，右击，在弹出的快捷菜单中选择【分离】命令，再选中文字并进行分离。单击第 2 帧插入关键帧，用橡皮擦按照书写习惯顺序倒序进行擦掉一部分，按照上面的方法依次在第 3、4、5 帧，一直到 90 帧中插入关键帧，效果如图 5-45 所示。

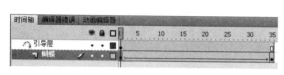

图 5-39　时间轴效果

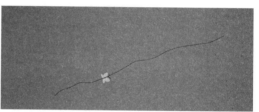

图 5-40　动画效果

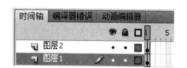

图 5-41　时间轴效果

图 5-42　动画效果

图 5-43　时间轴效果

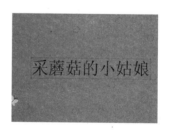

图 5-44　文字输入

图 5-45　擦除效果

（18）选中"歌曲名"图层，在任意帧中右击，在弹出的快捷菜单中选择【翻转帧】命令，如图 5-46 所示。插入一个新的图层，名称为"遮罩层"，如图 5-47 所示。将其拖到"歌曲名"图层的下方，如图 5-48 所示。在"遮罩层"图层的第 1 帧，用【矩形工具】绘制出一个矩形，填充颜色为线性渐变色，如图 5-49 所示。右击"歌曲名"图层，在弹出的快捷菜单中选择【遮罩层】命令，效果如图 5-50 所示。

图 5-46　翻转帧

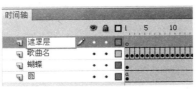
图 5-47　新建"遮罩层"图层

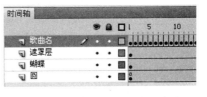
图 5-48　拖动图层位置

图 5-49　绘制渐变色矩形

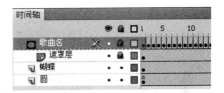
图 5-50　遮罩效果

(19) 制作播放按钮。

① 插入新建元件，设置【名称】为"播放按钮"、【类型】为"按钮"，单击【确定】按钮进入编辑区，利用【椭圆工具】绘制两个圆，半径分别为 88 和 66，效果如图 5-51 所示。

  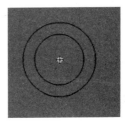
图 5-51　制作"播放按钮"元件

② 利用【颜色】面板填充渐变色(大圆为#A617AF→#FFFFFF，小圆为#DE66E5→#FFE7A8)，如图 5-52 和图 5-53 所示。

③ 插入一个图层，在帧上利用【文本工具】输入文字"播放"。

(20) 在主场景中添加一个图层"播放按钮"，在第 90 帧处插入关键帧，将【播放】按钮拖入场景，并调整至合适的位置，时间轴效果和影片效果如图 5-54 和图 5-55 所示。

图 5-52　按钮填充渐变颜色

图 5-53　按钮效果

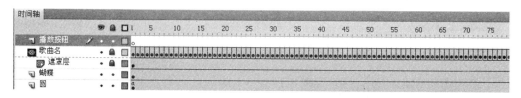

图 5-54　时间轴效果

图 5-55　影片效果

任务二　MTV 歌曲的导入与歌词同步

知识储备

一、声音文件

Flash 支持的声音格式有波形音频格式 WAV 和 MP3，不支持 MIDI 音乐格式。声音文件要先选择【文件】→【导入】命令导入到库中，然后才能在关键帧中使用，对导入的声音，Flash 还可以做简单的编辑处理。

1. MP3 格式

MP3 是使用最为广泛的一种数字音频格式，很受广大用户的青睐，因为它是经过压缩的声音文件，所以体积很小，而且音质好。相同长度的音乐文件，用 MP3 格式来存储，其体积一般只有 WAV 文件的 1/10。虽然 MP3 经过了破坏性的压缩，但是其音质仅次于 CD 格式或 WAV 格式的声音文件。这对于追求体积小、音质好的 Flash 动画来说，是最理想的一种声音格式。由于 MP3 体积小、音质好，而且传输方便，所以现在许多计算机音乐都以该格式出现。

2. WAV 格式

WAV 是微软公司开发的一种声音文件格式，它没有压缩数据，而是直接保存对声音波形的采样数据，所以音质一流，但缺点是体积很大，占存储空间多，这一缺点使它在各个领域中的应用受阻。在 Flash 中，为了加快动画在网上的传输速度，减小作品占用的存储空间，一般建议使用 MP3 格式的声音文件。

二、MP3 文件格式的转换

有时候我们下载的 MP3 歌曲导入 Flash 时提示不能导入，是因为文件的格式不正确。可以进行文件格式的转换再导入。方法如下。

下载并且安装"千千静听"，打开"千千静听"播放器，单击【添加】按钮，如图 5-56 所示。找到需要转换的"采蘑菇的小姑娘.mp3"文件，确定添加到播放器的播放列表中。选中文件，右击，在弹出的快捷菜单中选择【转换格式】命令，如图 5-57 所示。打开【转换格式】对话框，将其中的输出格式改为"MP3 编码器"，如图 5-58 所示，配置文件的恒定码率为 128kbps，如图 5-59 所示。修改目标文件夹的位置，单击【立即转换】按钮，即可对 MP3 文件的格式进行转换，如图 5-60 所示。

图 5-56　"千千静听"添加文件

图 5-57　转换格式

图 5-58　设置输出格式

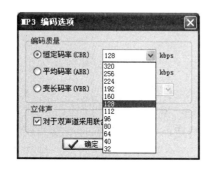

图 5-59　配置恒定码率

图 5-60　转换文件格式

三、导入及编辑声音

1. 导入声音

导入声音的操作步骤如下。

选择【文件】→【导入】→【导入到库】命令，打开【导入到库】对话框，在对话框中选择自己所要的声音文件，单击【打开】按钮，即可将声音文件导入到 Flash 库中，如图 5-61 所示。

声音的导入与编辑.mp4

图 5-61　【导入到库】对话框

☞ **提示：** 可以一次导入多个声音文件，其和导入多个位图的方法相同。导入的音频文件一般放在库中，不能自动添加到动画作品中进行播放。

2. 为关键帧添加声音

要把已导入的声音添加到关键帧上，第一种方法是单击要添加声音的关键帧，在【属性】面板中选择相应的声音文件，然后进行相应的设置即可。【属性】面板如图 5-62 所示。第二种方法是选择【窗口】→【库】命令，打开【库】面板，直接将【库】面板中的声音文件拖动到舞台中即可，如图 5-63 所示。声音添加到关键帧上以后，会在其关键帧上方添加一个小横向的线条，如图 5-64 所示。

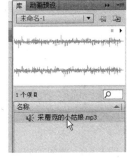

图 5-62　选择导入声音文件　　图 5-63　库中的声音文件　　图 5-64　声音文件添加到关键帧中

3. 声音属性设置

在该【属性】面板中，各项设置的内容说明如下。

(1) 在【声音】卷展栏的【名称】下拉列表框中包含了所有被导入到当前动画中的声音文件，如图 5-65 所示。单击其中的声音文件，可以将它插入到选定的关键帧中。

(2) 打开【效果】下拉列表框，如图 5-66 所示，其中各个选项的含义如下。

- "无"是指播放声音时将不使用任何特殊效果。
- "左声道"是指只在左声道播放音频。
- "右声道"是指只在右声道播放音频。
- "向右淡出"是指让声音从左声道传到右声道。
- "向左淡出"是指让声音从右声道传到左声道。
- "淡入"是指使声音逐渐增大。
- "淡出"是指使声音逐渐减小。
- "自定义"是指可以自己创建声音效果，并利用【编辑封套】对话框进行编辑。

(3) 编辑声音。

在【同步】下拉列表框中可设置声音在播放动画时的同步方式，如图 5-67 所示。各选项的含义如下。

- "事件"：使声音的播放和事件的发生同步。事件声音将在其开始的关键帧显示时播放，并且可以独立于时间轴完整播放，而不论电影是否停止。事件声音常用于用户单击按钮时播放的声音，如果用户在单击按钮后再次单击按钮，则第一次的声音继续播放，而第二段声音同时开始。

- "开始":和事件声音相似,不同的是声音如果正在播放,则不会开始播放新声音。
- "停止":停止播放指定的声音。
- "数据流":在 Web 站点上播放动画时,使声音和动画保持同步。Flash 将调整动画的速度,使之和流式声音同步。如果声音过短而动画过长,Flash 将无法调整足够快的动画帧,则有些帧将被忽略。在制作 MTV 时,一般要选择"数据流"选项,以保证画面与声音同步。

图 5-65 声音项内容

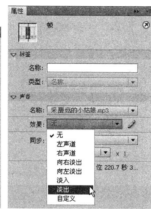
图 5-66 效果项内容

图 5-67 同步项内容

(4) 在【编辑封套】对话框中编辑声音。

选中声音所在的关键帧,然后单击【属性】面板中的编辑按钮,打开如图 5-68 所示的【编辑封套】对话框,在此可以对声音进行编辑。

① 要改变声音大小,可上下拖动音量调控点,使之位于不同的点上(最上面声音最大,最下面声音最小)。在音量控制线上单击可增加音量调控点(最多 8 个),如要删除音量调控点,将其拖出窗口即可。

② 要显示更多或更少的声音,可单击【放大】或【缩小】按钮。

③ 要切换时间单位,可单击【秒】按钮,则时间轴显示的单位为秒;单击【帧】按钮,则时间轴显示的单位为帧。

④ 单击【播放】按钮可试听声音效果,单击【停止】按钮则停止播放。

⑤ 改变声音的长度。拖动时间轴上"声音开始"或"声音结束"控制块,可控制声音的长度。向右拖动"声音开始"控制块,可剪掉前面部分声音;向左拖动"声音结束"控制块,可剪掉后面部分声音。

(5) 设置输出的音频。

音频的采样率和压缩率对动画的声音质量和文件大小起着决定性作用。压缩率越大,采样率越低,声音文件的体积就会越小,但是质量也更差。在输出音频时,可根据实际需要对其进行更改,而不能一味追求音质,否则可能会使动画体态臃肿,使下载速度缓慢。为音频设置输出属性的具体操作如下。

① 按 F11 键打开【库】面板。

② 右击要输出的音频文件,在弹出的快捷菜单中选择【属性】命令,打开【声音属性】对话框,如图 5-69 所示。

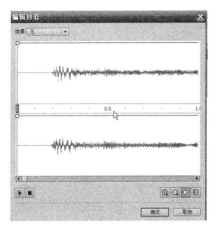

图 5-68 【编辑封套】对话框

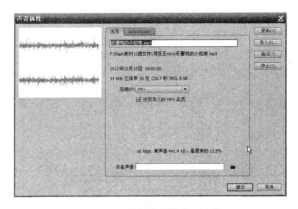

图 5-69 【声音属性】对话框

③ 在"导出设置"栏的【压缩】下拉列表框中可以选择设置该音频素材的输出属性。可选择的音频输出压缩方式有 4 种：ADPCM(自适应音频脉冲编码)、MP3、Raw(不压缩)和语音。

④ 选择 ADPCM 压缩模式时，【声音属性】对话框中的"预处理"是选择是否合并为单声道；"采样率"是输出采样率。采样率越大，声音越逼真，文件越大。"ADPCM 位"是输出时的转换位数，位数越多，音效越好，但文件越大。此项对音质的影响小于采样率。选择 MP3 压缩模式时，"预处理"是选择是否合并为单声道，"比特率"是设置声音的最大传输速率，"品质"是压缩以后播放的效果。

⑤ 单击【测试】按钮测试音频效果，单击【停止】按钮停止播放。

⑥ 单击【确定】按钮完成输出设置。

任务实践

本任务是实现歌曲的导入和歌词的同步，具体制作步骤如下。

(1) "采蘑菇的小姑娘.mp3"歌曲的导入。

打开源文件 mtv.fla，在打开的文件中新建一个图层，名称为"歌曲"。选择【文件】→【导入】→【导入到库】命令，如图 5-70 所示。打开【导入到库】对话框，如图 5-71 所示。选择要导入的声音文件"采蘑菇的小姑娘.mp3"，单击【打开】按钮，将歌曲导入到 Flash 的【库】面板中。

歌词的同步.mp4

(2) 选中"歌曲"图层的第 1 帧，在【属性】面板中设置声音属性，选择需要导入的歌曲文件"采蘑菇的小姑娘.mp3"，如图 5-72 所示。音乐即可被导入到场景中(直接将库中的 MP3 文件拖入场景也可以)。MP3 文件在库中的效果如图 5-73 所示。

(3) 任意选择后面的某一帧，比如第 200 帧，插入帧就可以看到声音对象的波形了(注意不是插入关键帧)，如图 5-74 所示。

(4) 单击"歌曲"图层中的任意帧，打开声音属性进行编辑，在【声音】卷展栏的【效果】下拉列表框中选择"自定义"，如图 5-75 所示。打开【编辑封套】对话框，通过拖动"开始"和"结束"来自定义歌曲的内容，如图 5-76 和图 5-77 所示。可以通过【播放】按钮进行播放选择。然后选择同步中的"数据流"，可以按 Enter 键进行控制播放和暂停。

图 5-70 导入歌曲命令

图 5-71 【导入到库】对话框

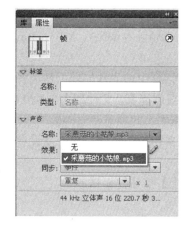

图 5-72 歌曲导入

图 5-73 歌曲在【库】面板效果

图 5-74 歌曲的波形效果

图 5-75 编辑自定义声音

图 5-76　定义歌曲的开始　　　　　　图 5-77　定义歌曲的结束

(5) 新建一个图层，名称为"歌词"，通过按 Enter 键，进行播放和暂停音乐，找到每一句歌词的开始帧和结束帧，按 Enter 键来完成歌词和音乐的同步。比如第一句歌词在第 185 帧时出现，在第 215 帧结束，就在第 185 帧处插入关键帧，利用【文本工具】将文字输入到场景中，直到第 215 帧处。时间轴效果与影片效果如图 5-78 所示。

图 5-78　歌词同步效果

(6) 添加一个新的图层命名为"歌词遮罩"，在第 185 帧处插入关键帧，利用【矩形工具】绘制一个矩形，位置在歌词的左侧，效果如图 5-79 所示。

 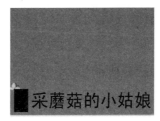

图 5-79　歌词遮罩制作 1

(7) 在第 215 帧处插入一个关键帧，利用【任意变形工具】将矩形变成如图 5-80 所示，全部覆盖掉文字。

(8) 在第 185 帧处，右击，在弹出的快捷菜单中选择【创建补间形状】命令，完成文字逐渐出现的效果，如图 5-81 所示。

图 5-80 歌词遮罩层制作 2

(9) 选中"歌词遮罩"图层,右击,在弹出的快捷菜单中选择【遮罩层】命令,效果如图 5-82 所示。

图 5-81 创建补间形状

图 5-82 歌词遮罩效果

(10) 用上面的方法完成其他歌词的同步制作。

任务三　绘制行走的小女孩

知识储备

一、选择工具的使用技巧

任务三知识储备.mp4

在前面已经简单介绍过"选择工具"的用法,在 Flash 中,"选择工具"是最常用的工具。使用该工具可以选择、移动舞台上的对象,还可以调整图形的形状、通过双击进入或退出整体对象的内部(通过双击对象可以进入对象内部进行操作,再通过双击舞台任意处退出对象内部)。下面主要介绍"选择工具"在使用过程中的一些技巧。

1. 选择舞台上的对象

对舞台上的对象进行移动、复制、对齐、属性设置等操作时,都要先选中对象。使用"选择工具"可以方便地选择舞台上的对象作为整体的对象,如绘制对象、群组、文本和元件实例等,也可以选择分散的矢量图形,如线条、填充、部分图形或整个图形。单击工具箱中的【选择工具】按钮,再单击对象即可选中该对象,具体操作方法如下。

(1) 选取线条。单击矢量图形的线条,可以选取某一线段。双击线条,可以选择连接着的所有线条。

(2) 选取填充。在矢量图形填充区域中单击可选中某个填充,如果图形是一个有边线的填充图形，要同时选中填充区和边线，则在填充区的任何位置双击即可。

(3) 拖动选取。在需要选择的对象上拖出一个区域，则被该区域覆盖的所有对象(矢量图形的一部分)都被选中。

(4) 选取整体对象。要选取群组、文本和元件实例等整体对象，只需在对象上单击，被选对象的周围会出现一个蓝色的方框。

(5) 选取多个对象。按住 Shift 键依次单击对象，可以选中多个对象，或者采用拖动选取的方式。按 Ctrl+A 组合键可以选中舞台上的所有对象。

2．移动和复制对象

制作动画时需要经常移动和复制舞台上的对象。移动对象时可先单击【选择工具】按钮，单击并拖动对象即可，如果同时按住 Shift 键，则可以沿水平、垂直或者 45°方向有规则地移动。选中舞台上的对象后按 Ctrl 键拖动对象，可以复制对象，多次拖动可以多次复制。

> 提示： 按 Ctrl+C 组合键可以快速复制对象；Ctrl+X 组合键可以剪切对象；Ctrl+V 组合键可以粘贴对象到舞台中心；Ctrl+Shift+V 组合键可以粘贴对象到当前位置。

二、排列图形

在同一图层上，Flash 会根据对象绘制的先后顺序层叠放置。先绘制的放置在最下面，最后绘制的放置在最上面。对于群组、绘制对象、元件实例和文本，可以改变它们在舞台上的叠放次序。选中对象后选择【修改】→【排列】命令中的适当选项或右击对象，从弹出的快捷菜单中选择【排列】命令中适当的选项。

【排列】菜单项中各选项的作用如下。
(1) "移至顶层"是指将选中的对象放置在所有对象的最上面。
(2) "上移一层"是指将选中的对象在层叠顺序中上移一层。
(3) "下移一层"是指将选中的对象在层叠顺序中下移一层。
(4) "移至底层"是指将选中的对象放置在所有对象的最下面。

> 提示： 这里的操作只适用于同一图层上的对象。

三、图形的组合与打散

在同一图层中，当前绘制的线条(分离状态)穿过其他线条或图形时，会把其他线条分割成不同的部分，同时线条本身也会被其他线条和图形分成若干部分。为了不破坏画面，需要将图形化零为整，即群组对象，使用组合键 Ctrl+G，被群组的部分用蓝色外框标识。当需要对对象进行编辑时，可使用在舞台上双击编辑对象的方法，进入对象内部进行编辑，也可以选择【修改】→【分离】命令，或者使用组合键 Ctrl+B，或者选择【修改】→【取消组合】命令，将对象打散后编辑。

> 提示： 图形一旦被打散，相交的部分就会融合为一体。

任务实践

(1) 打开项目二中的小女孩源文件"小女孩.fla",在打开的文件中选中"小女孩"元件,右击,在弹出的快捷菜单中选择【分散到图层】命令,将全部元件分散到不同的图层上。效果如图 5-83~图 5-85 所示。

小女孩行走效果制作.mp4

图 5-83 选中元件

图 5-84 分散到图层

图 5-85 分散到图层后效果

(2) 制作头发动作,选中"头发"图层中的"头发"元件,将旋转点调到上边框的中点,如图 5-86 和图 5-87 所示。在"头发"图层的第 5、10、15、20 帧等每隔 5 帧分别插入关键帧直到第 70 帧为止,利用【任意变形工具】对头发进行适当的变形,时间轴效果如图 5-88 所示。"头发"变形部分截图如图 5-89 所示。

图 5-86 选择"头发"元件

图 5-87 调整旋转点

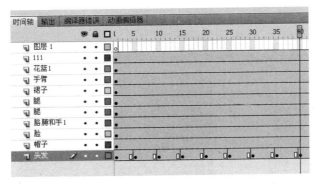

图 5-88 时间轴效果

图 5-89 "头发"变形部分截图效果

(3) 制作胳膊动作，选中"胳膊和手 1"图层中的"胳膊和手 1"元件，将旋转点调到合适位置点，如图 5-90 和图 5-91 所示。在"胳膊和手 1"图层的第 5、10、15、20 帧等每隔 5 帧分别插入关键帧直到第 70 帧为止，利用【任意变形工具】对手臂进行适当的变形，时间轴效果如图 5-92 所示。"胳膊和手 1"变形部分截图如图 5-93 所示。

图 5-90 选择"胳膊和手 1"元件

图 5-91 调整旋转点

(4) 制作右腿动作，选中"右腿"图层中的"腿"元件，将旋转点调到元件合适位置点，如图 5-94 和图 5-95 所示。在"右腿"图层的第 5、10、15、20 帧等每隔 5 帧分别插入关键帧直到第 35 帧为止，利用【任意变形工具】对右腿进行适当的变形，时间轴效果如图 5-96 所示。"右腿"变形部分截图如图 5-97 所示。

(5) 制作左腿动作，选中"左腿"图层中的"腿"元件，将旋转点调到元件合适位置点，如图 5-98 和图 5-99 所示。在"左腿"图层的第 35、40、45、50 帧等每隔 5 帧分别插入关键帧直到第 70 帧为止，利用【任意变形工具】对左腿进行适当的变形，时间轴效果如

图 5-100 所示。"左腿"变形部分截图如图 5-101 所示。

图 5-92 时间轴效果

图 5-93 "胳膊和手 1"变形部分截图效果

图 5-94 选择"腿"元件　　　　　　图 5-95 调整旋转点

图 5-96 时间轴效果

图 5-97 "右腿"变形部分截图效果

图 5-98 选择"腿"元件

图 5-99 调整旋转点

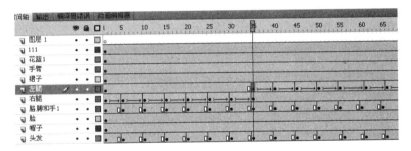

图 5-100 时间轴效果

图 5-101 "左腿"变形部分截图效果

(6) 将文档另存为"小女孩行走效果.fla"。

任务四 MTV 动画效果设计与制作

知识储备

一、元件的复制

很多时候我们需要从一个文档中复制元件到另外一个文档中，本任务主要介绍元件的两种复制方法。

元件的复制应用.mp4

1. 直接复制法

如果需要复制的内容本身已经在库中的元件中，则直接选择【窗口】→【库】命令打开【库】面板，找到需要复制的元件，右击，在弹出的快捷菜单中选择【复制】命令，如图 5-102 所示。再找到目标文档，打开【库】面板，右击，在弹出的快捷菜单中选择【粘贴】命令，即可将此元件所需要的所有内容都复制到目标文档库中，如图 5-103 所示。

图 5-102 复制元件

图 5-103 粘贴元件

2. 帧复制法

如果想把场景中帧的内容复制到目标文档中作为元件，则需要用帧的复制方法。在本次任务中主要通过复制、粘贴帧的方式来复制元件。

(1) 在场景中的任意帧，右击，在弹出的快捷菜单中选择【选择所有帧】命令，即可将场景中所有帧选中，再右击，在弹出的快捷菜单中选择【复制帧】命令，即可将所有帧复制，如图 5-104 所示。

(2) 在目标文档中新建一个元件，进入元件编辑区，在第 1 帧，右击，在弹出的快捷菜单中选择【粘贴帧】命令，即可将所有帧复制到元件中，也就是完成了元件的复制，如图 5-105 所示。

图 5-104 复制元件

图 5-105 粘贴元件

二、元件在场景中的使用技巧

当将库中的元件拖动到场景中时,一定要注意元件的帧数,在场景中只能大于等于元件的帧数,否则会出现元件动画显示不全的结果。

任务实践

(1) 打开 mtv.fla 源文件。

(2) 插入一个新建元件,设置【名称】为"小女孩"、【类型】为【影片剪辑】,如图 5-106 所示。单击【确定】按钮进入元件编辑区。

mtv 场景合成效果制作.mp4

图 5-106 创建"小女孩"元件

(3) 选择【文件】→【打开】命令,打开素材"小女孩行走效果.fla",如图 5-107 所示。

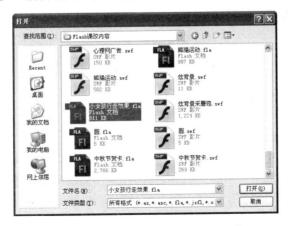

图 5-107 打开"小女孩行走效果.fla"

(4) 在源文件中，单击任意帧，右击，在弹出的快捷菜单中选择【选择所有帧】命令，如图 5-108 和图 5-109 所示。再右击，在弹出的快捷菜单中选择【复制帧】命令，如图 5-110 所示。

图 5-108 选择所有帧

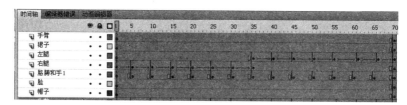

图 5-109 选择所有帧效果

图 5-110 复制帧

(5) 返回文件场景中，在"小女孩"影片剪辑编辑区中，单击任意帧，右击，在弹出的快捷菜单中选择【粘贴帧】命令，如图 5-111 所示。

(6) 插入一个新建元件，设置【名称】为"运动"、【类型】为【影片剪辑】，如图 5-112 所示。单击【确定】按钮进入元件编辑区。

(7) 在元件编辑区中，将"小女孩"元件拖到"图层 1"的第 1 帧处作为关键帧，选中第 110 帧插入关键帧。选中"图层 1"，右击，在弹出的快捷菜单中选择【添加传统运动引导层】命令，新建一个引导图层，选中引导层中的第 1 帧，在舞台中绘制一条路经，一直延续到第 110 帧处。时间轴效果与舞台效果如图 5-113 和图 5-114 所示。

图 5-111 粘贴帧

图 5-112 创建"运动"元件

图 5-113 时间轴效果

(8) 选中"图层 1"的第 1 帧，拖动"小女孩"元件直至贴紧引导路径的开始端，选中"图层 1"的第 110 帧，拖动"小女孩"元件直至贴紧引导路径的结束端，如图 5-115 和图 5-116 所示。

(9) 选中"图层 1"的任意帧，创建传统补间动画，时间轴效果和舞台效果如图 5-117 和图 5-118 所示。

图 5-114 舞台效果

(10) 插入一个新建元件，设置【名称】为"小女孩运动"、【类型】为【影片剪辑】，如图 5-119 所示。单击【确定】按钮进入元件编辑区。

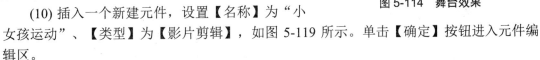

图 5-115 设置开始位置　　　　　　图 5-116 设置结束位置

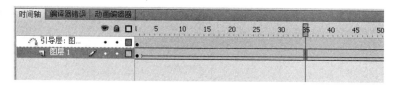

图 5-117　时间轴效果

图 5-118　舞台效果

图 5-119　创建"小女孩运动"元件

(11) 打开"花草.fla"源文件，用复制帧的方法将"花草"中的所有帧复制到"小女孩运动"影片剪辑中，效果如图 5-120 所示。

图 5-120　复制"花草"到"小女孩运动"元件

(12) 在"小女孩运动"影片剪辑中，在"花"图层上面插入一个图层，名称为"小女孩运动"，将"运动"元件拖入到第 1 帧作为关键帧。时间轴效果和舞台效果如图 5-121 和图 5-122 所示。

图 5-121　时间轴效果　　　　　　　　　图 5-122　舞台效果

(13) 返回到主场景，新建一个图层，名称为"小女孩"，在第 184 帧处插入关键帧，将"小女孩运动"影片剪辑拖入，一直延伸至第 285 帧。

(14) 选中主场景中的"播放按钮"图层，在第 90 帧处设置动作代码 stop();。舞台效果如图 5-123 所示。

(15) 在"小女孩"图层的第 286 帧处插入关键帧，将"蘑菇图片 1"拖入进来，设置透明度为 7%。在第 349 帧处插入关键帧，设置透明度为 100%，创建传统补间动画。时间轴效果与舞台效果如图 5-124 和图 5-125 所示。

图 5-123　"播放按钮"舞台效果

图 5-124　时间轴效果　　　　　　　　图 5-125　舞台效果

(16) 在"小女孩"图层的第 350 帧处插入关键帧，将"蘑菇图片 2"拖动进来，并设置属性宽为 10、高为 26。在第 370 帧处插入关键帧，并设置属性宽为 302、高为 248，选中第 350～370 中任意帧，右击，在弹出的快捷菜单中选择【创建传统补间】命令。时间轴效果与舞台效果如图 5-126 和图 5-127 所示。

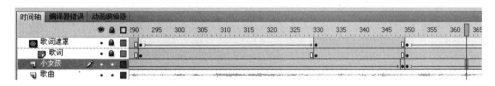

图 5-126　时间轴效果

图 5-127　舞台效果

(17) 运用歌词同步设置，利用创建传统补间动画，对导入的素材图片进行动画背景的互动切换，完成整个歌曲的制作。

上机实训　《我和我的祖国》MV 制作

【实训背景】

通过本章的学习，要求学生设计并制作一个自己喜欢的 MV，并采用添加视频的方式来进行 MV 的展示。

【实训内容和要求】

本次上机实训主要制作一个 MV，要求根据自己的喜好设计并制作，充分发挥自己的想象力。

【实训步骤】

(1) 新建一个 Flash 文档，属性采用默认设置，保存为"我和我的祖国"。将所有的图片、MP3、视频素材全部导入到库中。

(2) 插入一个图层，命名为"视频"，选择【文件】→【导入】→【导入视频】命令，在打开的【导入视频】对话框中找到"视频.flv"的路径，并选中【在 SWF 中嵌入 FLV 并在时间轴中播放】单选按钮。不选择其音频，可以进行视频的调整，如图 5-128 所示。

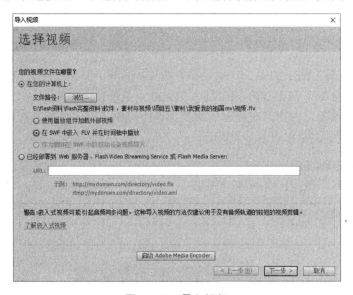

图 5-128　导入视频

(3) 插入一个图层，名称为"MP3"，将 MP3 歌曲导入，并将其属性修改为数据流，可以通过时间轴进行控制。

(4) 插入图层"歌词"，利用前面项目中按 Enter 键控制时间轴 MP3 制作歌词同步的方法，进行歌词同步的制作。

(5) 测试影片效果。

【实训素材】

实例文件存储于"网络资源\源文件\项目五\我和我的祖国.fla"中。

习　题

一、选择题

1. 下列关于形状补间的描述正确的是(　　)。
   A. Flash 可以补间形状的位置、大小、颜色和不透明度
   B. 如果一次补间多个形状，则这些形状必须处在上下相邻的若干图层上
   C. 对于存在形状补间的图层无法使用遮罩效果
   D. 以上描述均正确

2. 下列关于遮罩动画的描述错误的是(　　)。
   A. 遮罩图层中可以使用填充形状、文字对象、图形元件的实例或影片剪辑作为遮罩对象
   B. 可以将多个图层组织在一个遮罩层之下来创建复杂的效果
   C. 一个遮罩层只能包含一个遮罩对象
   D. 可以将一个遮罩应用于另一个遮罩

3. 下列关于逐帧动画和补间动画的描述正确的是(　　)。
   A. 两种动画模式中，Flash 都必须记录各帧的完整信息
   B. 前者必须记录各帧的完整信息，而后者不用
   C. 前者不必记录各帧的完整信息，而后者必须记录各帧的完整信息
   D. 以上说法均错误

4. 两个关键帧中的图像都是形状，则这两个关键帧之间可以设置的动画类型有(　　)。
   A. 形状补间动画　　　　　　　B. 位置补间动画
   C. 颜色补间动画　　　　　　　D. 透明度补间动画

5. 分离操作会对被分离的对象造成的后果有(　　)。
   A. 切断元件的实例和元件之间的关系
   B. 如果分离的是动画元件，则只保留当前帧
   C. 将位图图像转换为填充对象
   D. 将位图图像转换为矢量图形

6. 在使用蒙版时，下面可以用来遮盖的对象有(　　)。
   A. 填充的形状　　　　　　　　B. 文本对象
   C. 图形元件　　　　　　　　　D. 电影剪辑的实例

二、填空题

1. 图 5-129 中使用了_____元件，要预览该元件时，单击【库】面板中的"大嘴"元件的【播放】按钮▶即可，该元件采用了_____动画来制作动画效果。

2. 要制作一个大嘴形象从左到右移动的动画，如图 5-130 所示，可以使用_____动画，该动画形式只可以对_____对象进行操作，完成后时间轴上会有不同的显示。

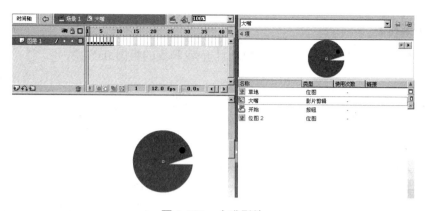

图 5-129　大嘴影片

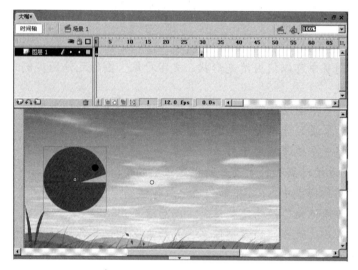

图 5-130　大嘴动画

三、思考题

1. 如何制作一个太阳淡入淡出的效果？
2. 如何实现放大镜效果？

项目六

制作电子广告

【项目导入】

随着 Internet 的发展，网络的宣传效果得到了更多人的认可，Flash 广告也因为网络的快速发展而表现出相当的优势。张宁在观看了大量的网络广告后，从不同的角度和设计方向制作了 3 种电子广告，效果如图 6-1 所示。

图 6-1 效果图

张宁制作这 3 种电子广告的具体操作步骤如下。

(1) 确定广告产品形式。

(2) 进行广告策划实训步骤，以实地调查为主，与在图书馆、互联网查找的资料相结合，得出相关资料，集体讨论、分析，搜集广告所需要的所有素材，最终以报告形式得出结果。

(3) 利用 Flash 软件进行美化设计，制作广告所需要的动画效果。

【项目分析】

本项目主要通过公益广告、产品广告、节日宣传广告 3 种广告形式来介绍。通过本项目的学习，可以掌握 Deco 工具的使用和一些动画制作技巧。

【能力目标】

- 能利用动作代码实现超链接。
- 能利用动作代码实现按钮功能。
- 能掌握元件之间的交换使用。
- 能正确处理按钮的中心点问题。

【知识目标】

- 掌握 Deco 工具的应用。
- 掌握 ActionScript 3.0 中的代码应用。
- 能利用 if...else 嵌套实现选择功能。

任务一　制作"爱护树木"公益广告

知识储备

Deco 工具的使用

Deco 工具也是一种修饰性绘图工具，可以将创建的图形转变为复杂的几何图案。下面主要通过几个方面来进行介绍。

1. 藤蔓式填充效果

使用藤蔓式填充效果，可以填充舞台、元件或封闭区域。选择 Deco 工具，在【属性】面板中【绘制效果】卷展栏的下拉列表框中选择【藤蔓式填充】选项。单击拾色器，为树叶和花选择一种颜色，然后单击舞台任意位置，使用藤蔓图案填充需要单击的区域，直至延伸

deco 工具介绍.mp4

到边界。也可以通过从【库】面板中选择元件，替换默认的叶子和花朵插图。生成的图案将包含在影片剪辑中，而影片剪辑本身包含组成图案的元件。单击舞台中的某个形状，只会填充一个藤蔓图案。

2. 网格填充效果

使用网格填充效果，可以用库中的元件填充舞台、元件或封闭区域。将网格填充绘制到舞台后，如果移动填充元件或调整其大小，则网格填充将随之移动或调整大小。

使用网格填充效果可创建棋盘图案、平铺背景或用自定义图案填充的区域或形状。对称效果的默认元件是 25×25 像素、无笔触的黑色矩形形状。

为网格填充选择布局有 3 种：①平铺模式以简单的网格模式排列元件；②砖形模式以水平偏移网格模式排列元件；③楼层模式以水平和垂直偏移网格模式排列元件。

要使填充与包含的元件、形状或舞台的边缘重叠，可选择【为边缘涂色】选项。

要允许元件在网格内随机分布，可选择【随机顺序】选项。

可以指定填充形状的水平间距、垂直间距和缩放比例。应用网格填充效果后，将无法更改属性检查器中高级选项的填充图案。

单击舞台，或者在要显示网格填充图案的形状或元件内单击。

3. 对称刷子效果

使用对称刷子效果，可以围绕中心点对称排列元件。在舞台上绘制元件时，将显示一组手柄。可以使用手柄通过增加元件数、添加对称内容或者编辑和修改效果的方式来控制对称效果。使用对称刷子效果可以创建圆形用户界面元素(如模拟钟面或刻度盘仪表)和旋涡图案。对称刷子效果的默认元件是 25×25 像素、无笔触的黑色矩形形状。

旋转围绕指定的固定点旋转对称中的形状。默认参考点是对称的中心点。若要围绕对象的中心点旋转对象，可按圆形运动进行拖动。

跨线反射指定的不可见线条等距翻转形状。

跨点反射围绕指定的固定点等距放置两个形状。

网格平移使用按对称效果绘制的形状创建网格。每次在舞台上单击 Deco 绘画工具都会创建形状网格。使用由对称刷子手柄定义的 x 和 y 坐标调整这些形状的高度和宽度。

测试冲突不管如何增加对称效果内的实例数，可防止绘制的对称效果中的形状相互冲突。取消选择此选项后，会将对称效果中的形状重叠。

4. 3D 刷子效果

通过 3D 刷子效果，可以在舞台上对某个元件的多个实例涂色，使其具有 3D 透视效果。Flash 通过在舞台顶部(背景)附近缩小元件，并在舞台底部(前景)附近放大元件来创建 3D 透视。接近舞台底部绘制的元件位于接近舞台顶部的元件之上，不管它们的绘制顺序如何。可以在绘制图案中包括 1~4 个元件。舞台上显示的每个元件实例都位于其自己的组中。可以直接在舞台上或者形状或元件内部涂色。如果在形状内部，首先单击 3D 刷，则 3D 刷仅在形状内部处于活动状态。

3D 刷效果包含下列属性：
- 最大对象数：要涂色的对象的最大数目。
- 喷涂区域：实例涂色的光标的最大距离。
- 透视：切换 3D 效果。要为大小一致的实例涂色，请取消选中此选项。
- 距离缩放：此属性确定 3D 透视效果的量。增加此值会增加由向上或向下移动光标而引起的缩放。

5. 建筑物刷子效果

借助建筑物刷子效果，可以在舞台上绘制建筑物。建筑物的外观取决于为建筑物属性选择的值。从希望作为建筑物底部的位置开始，垂直向上拖动光标，直到希望完成的建筑物所具有的高度。

建筑物刷子效果包含下列属性：
- 建筑物类型是要创建的建筑样式。
- 建筑物大小是指建筑物的宽度，值越大，创建的建筑物越宽。

6. 花刷子效果

借助花刷子效果，可以在时间轴的当前帧中绘制程式化的花。花刷子效果包含下列属性：
- 花色：花的颜色。
- 花大小：花的宽度和高度。值越大，创建的花越大。
- 树叶颜色：叶子的颜色。
- 树叶大小：叶子的宽度和高度。值越大，创建的叶子越大。
- 果实颜色：果实的颜色。
- 分支选择：此选项可绘制花和叶子之外的分支。
- 分支颜色：分支的颜色。

7. 应用粒子系统效果

使用粒子系统效果可以做出动态的效果来，具体制作步骤如下。

(1) 新建一个 Flash 文档，选择 ActionScript 3.0 文件，保存为 Deco。新建一个元件，设置【名称】为"花"、【类型】为【影片剪辑】，在编辑区中绘制一个花朵，如图 6-2 所示。

(2) 新建一个元件，【名称】为"叶"，【类型】为【影片剪辑】，在编辑区中绘制一片树叶，如图 6-3 所示。单击工具箱中的【Deco 工具】，打开【属性】面板，在【绘制效果】卷展栏的下拉列表框中选择【粒子系统】选项，如图 6-4 所示，其相关属性设置如图 6-5 和图 6-6 所示。

图 6-2 制作元件"花"　　图 6-3 制作元件"叶"　　图 6-4 创建粒子系统

 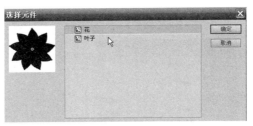

图 6-5 制作粒子 1

 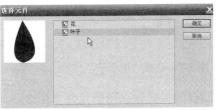

图 6-6 制作粒子 2

(3) 当舞台上出现 符号时，单击该符号即可在舞台上出现粒子效果，同时在时间轴上建立 30 帧的逐帧动画。

8. 树刷子效果

通过树刷子效果，可以快速创建树状插图。

通过拖动操作创建大型分支。通过将光标停留在一个位置创建较小的分支。Flash 创建的分支将包含在舞台上的组中。树刷子效果包含下列属性：

- 树样式：要创建树的种类。每个树样式都以实际的树种为基础。
- 树比例：树的大小。值必须在 75%～100%。值越高，创建的树越大。
- 分支比例：树干的颜色。
- 树叶颜色：叶子的颜色。
- 花/果实颜色：花和果实的颜色。

任务实践

(1) 新建 Flash 文档，设置【名称】为"公益广告"、【类型】选择 ActionScript 3.0。

公益广告 1.mp4

(2) 新建一个元件，设置【名称】为"树 1"、【类型】为【图形】，单击工具箱中的【Deco 工具】，在其【属性】面板中选择绘制效果中的"树刷子"，如图 6-7 所示。在【高级选项】卷展栏中选择"园林植物"，并设置好分支颜色、树叶颜色、花、果实颜色，如图 6-8 所示。在舞台中按住鼠标左键拖动出树的形状，如图 6-9 所示。

图 6-7 选择"树刷子"

图 6-8 选项设置

(3) 用同样的方式建立图形元件"树 2""树 3"，如图 6-10 和图 6-11 所示。

(4) 新建一个元件，设置【名称】为"圆"、【类型】为【影片剪辑】，利用逐帧动画的方式制作树木出现的形式。时间轴效果与舞台效果如图 6-12 和图 6-13 所示。

图 6-9　绘制"树 1"　　　图 6-10　绘制"树 2"　　　图 6-11　绘制"树 3"

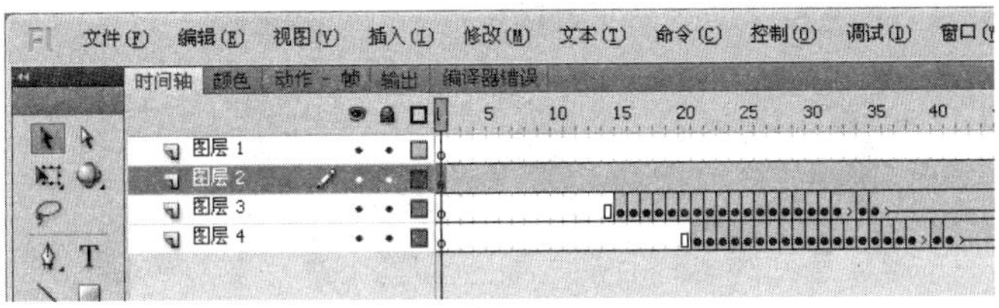

图 6-12　时间轴效果

图 6-13　舞台效果

(5) 新建一个元件，设置【名称】为"环保"、【类型】为【影片剪辑】，利用创建传统补间动画的方式制作动画效果。时间轴效果与舞台效果如图 6-14 和图 6-15 所示。

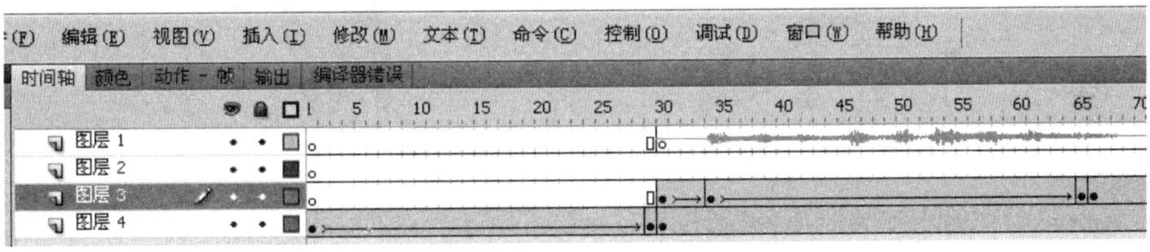

图 6-14　时间轴效果

(6) 创建"种树"元件。

① 绘制小孩图形。

新建一个元件，设置【名称】为"小孩"、【类型】为【图形】，在舞台上用绘图工具绘制如图 6-16 所示的图形。

② 制作"小孩动作"元件。

新建一个元件，设置【名称】为"小孩动作"、

小孩的绘制.mp4

公益广告 2.mp4

【类型】为【影片剪辑】，在第 1 帧处插入关键帧"小孩"元件，在第 3 帧处插入关键帧，用【任意变形工具】进行图形调整，同样在第 5、7 帧插入关键帧，效果如图 6-17 所示。

图 6-15 舞台效果

图 6-16 "小孩"图形

图 6-17 "小孩动作"影片剪辑

③ 新建一个元件，设置【名称】为"种树"、【类型】为【影片剪辑】，将舞台的"图层 1"改名为"小孩"。在第 1 帧处插入"小孩动作"元件(X：478，Y：96)，在第 43 帧处插入关键帧，将小孩图形往左拖动一段距离(X：184，Y：96)，并创建补间动画，设置小孩从右往左走的动作，在第 68 帧处插入关键帧，再将小孩图形往左拖动一段距离(X：9，Y：96)，在 74 帧处插入关键帧，插入面向前面的小孩图形"小孩 2"，一直延伸到第 160 帧处，如图 6-18 所示。

图 6-18 "种树"动画制作

④ 新建一个图层，名称为"树 1"，在第 19 帧处插入关键帧，将"树 1"元件拖入舞台，在第 27 帧处插入关键帧，返回到第 19 帧，将中心点下移到树的底部，并将树缩小，利用创建传统补间动画的方式制作树从小到大成长的效果，在后面的第 28 帧处插入关键帧，将树变小一点，在第 30 帧处插入关键帧，将树再变大一点，突出树成长的效果，然后一直延伸到第 160 帧，如图 6-19 所示。

⑤ 同样的方法制作"树 2"图层和"树 3"图层。

⑥ 新建一个"文字"图层，在第 84 帧开始用【文本工具】输入文本"节约用纸 多种树"，如图 6-20 所示。

⑦ 制作出来的时间轴效果和舞台效果如图 6-21～图 6-23 所示。

图 6-19 "树 1"长大过程 　　　　　　　图 6-20 输入文字

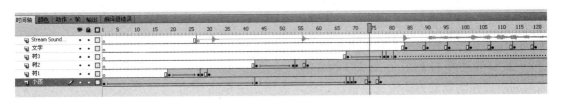

图 6-21 时间轴效果

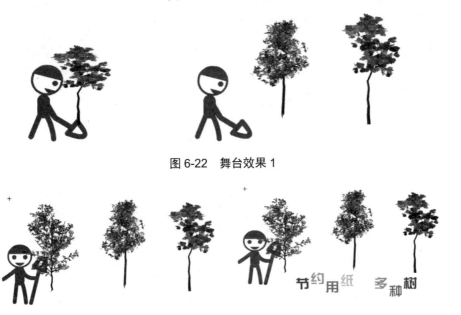

图 6-22 舞台效果 1

图 6-23 舞台效果 2

(7) 新建一个元件，设置【名称】为"相册"、【类型】为【影片剪辑】，利用创建传统补间动画的方式制作图片的运动效果。时间轴与舞台效果如图 6-24 和图 6-25 所示。

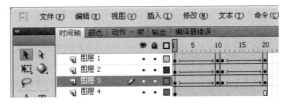

图 6-24 时间轴效果

图 6-25 舞台效果

（8）回到主场景，将"图层1"改名为"环保"，在第1帧将"环保"元件拖入舞台，一直延伸到第80帧。

（9）新建一个图层，名称为"种树"，在第81帧处插入关键帧，将"种树"元件拖入舞台中，一直延伸到第240帧。

（10）新建一个图层，名称为"圆"，在第241帧处插入关键帧，将"圆"元件拖入舞台，一直延伸到第312帧，在第313帧处插入关键帧，输入静态文本"爱护地球 爱护树木"，然后利用逐帧动画的方式使文字依次出现，效果如图6-26所示。

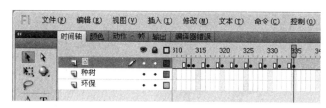

图 6-26 "公益广告"效果

（11）按 Ctrl+Enter 组合键测试影片，部分效果如图 6-27 所示。

图 6-27 "公益广告"测试效果

任务二 制作"汇源果汁"产品广告

知识储备

一、调整对象的变形中心

在前面已经提过任意变形工具的使用，它不仅可以对矢量图形进行缩放、旋转、倾斜，还可以对元件实例、群组、文本和位图等执行这些操作。一般在对对象进行变形之前，需要使用【任意变形工具】

对象变形中心.mp4

选中对象，调整好其变形中心点。当使用【任意变形工具】选中要变形的对象后，就会在对象的周围产生 8 个变形控制柄、一个变形控制框和一个变形中心，如图 6-28 所示。在缩放、旋转、倾斜、变形的时候都是以变形中心为中心进行的，单击并拖动变形中心就可以改变其位置，如图 6-29 所示为改变变形中心以后的对象，如图 6-30 和图 6-31 所示为以原来的中心点和新的变形中心为中心旋转对象后的效果。

图 6-28 默认中心点

图 6-29 修改中心点

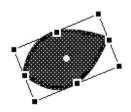
图 6-30 原中心点旋转效果

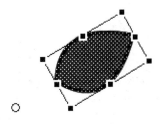
图 6-31 新中心点旋转效果

二、【设计】面板中【变形】和【信息】面板的使用

【设计】面板主要用来编辑舞台上选定的对象，包括【对齐】【变形】和【信息】面板，下面主要介绍【变形】和【信息】面板，如图 6-32 所示。

图 6-32 【变形】和【信息】面板

1. 【变形】面板

选择【窗口】→【变形】命令或者按组合键 Ctrl+T，可以打开【变形】面板。使用【变

形】面板可以缩放、旋转、斜切舞台上被选中的对象。前面讲过任意变形工具也有类似的功能，而【变形】面板擅长的是精确地设置缩放比例、旋转和斜切的角度。【变形】面板还可以撤销前面的操作，使对象恢复变形前的样子，还可以复制对象。

(1) 缩放对象。在【宽度】和【高度】文本框中输入缩放比例，按 Enter 键即可。
(2) 旋转对象。选中【旋转】单选按钮，在文本框中输入旋转角度并按 Enter 键。
(3) 倾斜对象。选中【倾斜】单选按钮，输入水平、垂直倾斜的角度并按 Enter 键。
(4) 复制并应用变形。选中要复制变形的对象，设置旋转角度，然后单击【复制并应用变形】按钮，单击一次复制出一个变形后的图形，单击多次则复制出多个，很多复杂漂亮的元件就是通过这种方式轻松地制作出来的。
(5) 撤销变形。只要单击【重置】按钮，就可使舞台上的对象恢复最初状态。

下面以制作"花"元件的变形为例来说明面板的功能，新建一个元件，设置【名称】为"花瓣"、【类型】为【图形】，如图 6-33 所示为花瓣的变形效果，如图 6-34 所示为【变形】面板的属性设置。还可以通过【复制并应用变形】按钮制作漂亮的元件，如图 6-35 所示即通过复制应用做出的"花"效果。

 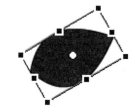 

图 6-33　花瓣的变形效果

图 6-34　花瓣的变形对应设置　　　　　　　图 6-35　复制并应用变形后的效果

2．【信息】面板

在【信息】面板中可以查看或者修改舞台上对象的宽度、高度，查看或者更改舞台上对象的位置。

任务实践

(1) 新建一个 Flash 文档，设置【名称】为"果汁"、【类型】选择 ActionScript 3.0。
(2) 制作闹钟影片剪辑元件。
① 新建一个元件，设置【名称】为"闹钟"、【类型】为【影片剪辑】，单击【确

定】按钮。将"图层1"改名为"表面1",在第1帧中利用【椭圆工具】绘制钟表的表面,圆形半径为76.6,如图6-36所示。添加一个图层,名称为"表面2",绘制一个半径为71.6的圆形,放置到"表面1"的中间,突出凹进效果。使用同样的方法添加一个图层,名称为"表面3",绘制一个半径为70.05的圆形,颜色为线性渐变(左色标为#FFFFFF,右色标为#E5E5E5),放置到"表面2"的中间,如图6-37所示。

图 6-36　绘制"钟表"

图 6-37　绘制"钟表"表面

② 添加一个图层,名称为"刻度",利用【直线工具】绘制一条宽为1、高为2.1的直线,颜色为黑色,放置到钟表的四个刻度位置上。用同样的方法新建"腿"图层,利用【直线工具】绘制一条宽为1、高为2.1的直线,颜色为黑色,放置到钟表的左下角和右下角位置上,如图6-38所示。

图 6-38　绘制钟表"刻度"与钟表"腿"

③ 添加图层"左",利用【矩形工具】绘制如图6-39所示图形作为闹铃,放置到闹钟的左上角合适位置上。使用同样的方法添加图层"右",复制"左"图层中的闹铃,利用【任意变形工具】调整到下面的效果,放置到闹钟的右上角合适位置上,如图6-39所示。

④ 添加图层"响铃",利用【矩形工具】绘制如图6-40所示的响铃,并放置到合适的位置上。

图 6-39 绘制"闹铃"

⑤ 用上述方法添加图层"时针"和"分针",分别绘制时针和分针,并放置到合适的位置,如图 6-41 所示。

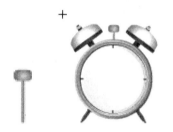

图 6-40 绘制"响铃"

图 6-41 绘制"分、时针"

⑥ 制作闹钟的响铃效果。

a. 选择"分针"图层,在第 1 帧上,选择【窗口】→【变形】命令,打开【变形】面板,将分针旋转度数修改为 0°;在第 4 帧上插入关键帧,选择【任意变形工具】,将中心点调整到分针的底部,选择【窗口】→【变形】命令,打开【变形】面板,将分针旋转 30°。同样的方式在第 7、10、13、16、19、22、25 帧处分别插入关键帧,利用【变形】面板对分针进行旋转变形,效果如图 6-42 和图 6-43 所示。

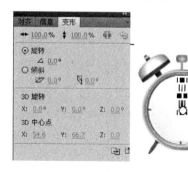

图 6-42 "分针"变形效果　　　　图 6-43 "分针"变形效果

b. 选择"左"图层,在第 26 帧处插入关键帧,并将左铃的中心点调整到左上角,在第 28 帧处插入关键帧,利用【变形】面板旋转 8°,同样的方式多插入几次关键帧,进行旋转变形,制作左铃动作。用同样的方法对"右"图层上的右铃制作动作,如图 6-44 所示。

c. 选择"响"图层,在第 26 帧处插入关键帧,并将中心点调整至元件的左上角,在第 29 帧处插入关键帧,利用【变形】面板旋转-15°,用同样的方法在后面的时间轴中多插入几次关键帧,实现响铃的动作效果,如图 6-45 所示。

d. 将所有图层的帧都延伸到第 76 帧处。

图 6-44 制作"左铃"动作

图 6-45 制作"响铃"动作

(3) 制作"圆闪"影片剪辑。

① 新建一个元件,设置【名称】为"圆闪"、【类型】为【影片剪辑】,在舞台上利用【矩形工具】绘制一个矩形,选择【部分选取工具】,单击下面的两个顶点,通过方向键调整位置,如图 6-46 所示。

② 将调整好的图形的中心点调整至下边中点处,如图 6-47 所示。通过【变形】面板,将旋转角度修改为 15°,多次单击【重制选区和变形】按钮直到完成一个圆形为止,如图 6-48 所示。

图 6-46 制作"圆闪"元件　　　　　图 6-47 调整中心点

图 6-48 制作圆形

③ 选中全部，右击，在弹出的快捷菜单中选择【分离】命令，分离两次，再转换为元件，设置【名称】为"圆动"，再在第 100 帧处插入关键帧，创建传统补间动画，并在其【属性】面板中将【补间】卷展栏中的【旋转】设置为"顺时针"，如图 6-49 所示。

(4) 制作场景。

① 将"图层 1"改名为"背景"，绘制一个圆形，填充颜色为径向渐变(从左往右为#27E5E5 透明度为 70%、#87F4F4 透明度为 64%、#FFFFFF 透明度为 60%)，如图 6-50 所示。

果汁广告.mp4

图 6-49　设置旋转选项　　　　　　图 6-50　制作背景

② 插入一个图层，名称为"太阳"，在舞台上绘制太阳图形，填充颜色如图 6-51 所示。

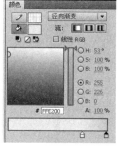

图 6-51　绘制"太阳"

③ 插入一个图层，名称为"转"，将"圆闪"拖入舞台的左上角，一直到第 350 帧，如图 6-52 所示。

④ 插入一个图层，名称为"云"，将"云"元件拖入舞台中，并利用传统补间制作云的飘动，如图 6-53 所示。

⑤ 插入一个图层，名称为"闹钟"，在第 10 帧处插入关键帧，将"闹钟"元件拖入到舞台中，利用【任意变形工具】缩小，在第 11、12、13、14、15、16 帧处插入关键帧，并利用逐帧动画制作闹钟从无到有逐渐出现的过程，在第 130 帧处插入关键帧，在第 152 帧处插入关键帧，设置其透明度为 10%，并在第 130～152 帧创建传统补间动画。

⑥ 插入一个图层，名称为"杯子"，在第 156 帧处插入关键帧，将"杯子"元件拖

入舞台中,如图 6-54 所示。

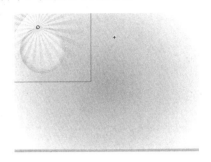

图 6-52 制作"转"图层　　　　　　　图 6-53 绘制"云彩"

⑦ 插入一个图层,名称为"杯子外",在第 156 帧处插入关键帧,将"杯子外"元件拖入舞台中,如图 6-55 所示。

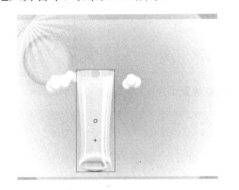

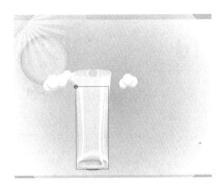

图 6-54 绘制"杯子"　　　　　　　图 6-55 绘制"杯子外"

⑧ 插入一个图层,名称为"水果",在第 156 帧处插入关键帧,将 image 42.png 图片拖入舞台中,并将其大小设置为 59×72,在第 156、157、158~172 帧处分别插入关键帧,通过移动图片,制作苹果进入杯子的过程,如图 6-56 和图 6-57 所示。

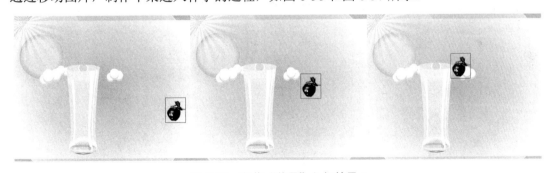

图 6-56 制作"苹果"入杯效果 1

⑨ 在第 173 帧处插入关键帧,将 image 48.png 图片拖入舞台的合适位置,并将其大小设置为 48×62,在第 174、175~185 帧处分别插入关键帧,通过移动图片,制作梨进入杯子的过程,如图 6-58 和图 6-59 所示。

⑩ 用同样的方法在第 186~214 帧制作草莓和橙子进入杯子的动画过程,如图 6-60 和图 6-61 所示。

图 6-57 制作"苹果"入杯效果 2

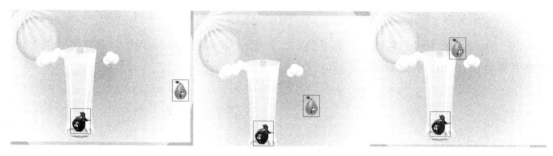

图 6-58 制作"梨"入杯效果 1

图 6-59 制作"梨"入杯效果 2

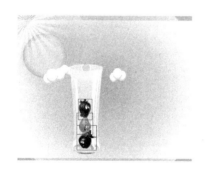 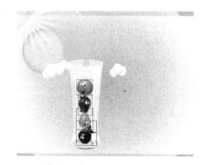

图 6-60 制作"草莓"入杯   图 6-61 制作"橙子"入杯

⑪ 在第 218 帧处插入关键帧,将杯子放大,填充颜色为橙色,在第 235 帧处插入关键帧,返回到第 218 帧,将中心点调整到底部,将杯子缩小,并创建补间形状动画。时间轴效果和舞台效果如图 6-62 和图 6-63 所示。

⑫ 新建一个图层,名称为"遮罩",在第 218 帧处插入关键帧,将"杯子"元件拖

进来，在第 235 帧处插入关键帧，并将"遮罩"图层设置为遮罩层，效果如图 6-64 所示。

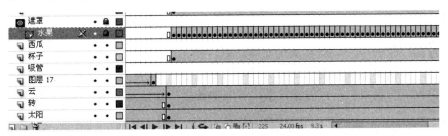

图 6-62　时间轴效果

图 6-63　舞台效果

  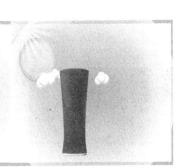

图 6-64　遮罩制作

⑬　新建一个图层，名称为"西瓜"，在第 236 帧处插入关键帧，制作西瓜出现动作，如图 6-65 所示。

⑭　新建一个图层，名称为"吸管"，在第 254 帧处插入关键帧，制作吸管出现动作，如图 6-66 所示。

图 6-65　制作"西瓜"出现　　　　　　图 6-66　制作"吸管"出现

⑮ 新建一个图层，名称为"广告词"，在第 291 帧处插入关键帧，将带有广告词的图片拖入舞台中。

⑯ 新建一个图层，名称为"广告遮罩"，在第291帧处插入关键帧，绘制一个矩形，覆盖掉广告词，在第 313 帧处插入关键帧，返回到第 291 帧，将矩形的中心点调整到上部并进行缩小，并创建形状补间动画。用同样的方式对右侧的广告词设置形状补间动画。

⑰ 将"广告遮罩"设置成遮罩层，时间轴效果与舞台效果如图 6-67～图 6-69 所示。

图 6-67　时间轴效果

图 6-68　舞台效果

图 6-69　舞台效果

⑱ 新建一个图层，名称为"文字"，在第 313 帧处插入关键帧，将"文字"图形元件拖入合适的位置，并利用元件的透明度设置制作渐现过程。最终时间轴效果与舞台效果如图 6-70 和图 6-71 所示。

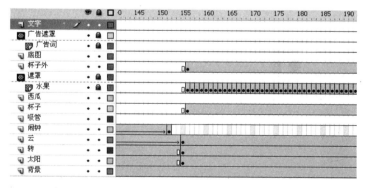

图 6-70　时间轴效果

图 6-71 舞台效果

(5) 按 Ctrl+Enter 组合键测试影片,部分效果如图 6-72 所示。

图 6-72 测试效果图

任务三 制作节日宣传广告

知识储备

一、ActionScript 3.0 常用术语

1. 动作

动作是指一个动画在播放时做某些事情的一些句子。例如 gotoAndPlay 命令就是把播放头放到指定的帧。

2. 常量

常量是不能改变的量。

3. 类

类是可以用于创建新对象类型的数据类型。若要定义类，请在外部脚本文件中使用关键字 Class，并且必须先创建一个构造函数。

4. 数据类型

用于描述变量或动作脚本元素可以包含的信息种类。数据类型包括字符串、数字、布尔值、对象、影片剪辑、函数、空值、未定义。

5. 事件

动画播放时发生的动作。

6. 事件处理函数

事件处理函数是用于管理诸如 MouseDown 或 Load 等事件的特殊动作。事件处理函数分事件处理函数方法和事件侦听器。在 ActionScript 命令列表窗口中，每个事件处理函数方法或事件侦听器的动作脚本对象都有一个名为"Event"或"Listeners"的子类别。某些命令既可以用于事件处理函数方法，也可以用于事件侦听器，并且包含上述两个子类别中。

7. 表达式

表达式是代表值的动作脚本元件的任意合法组合，它由运算符和操作数组成。例如，x+y 就是一个表达式。

8. 函数

函数是可以向其传递参数并能够返回值的可重复使用的代码块。例如，GetProperty 函数用于传送属性名和影片剪辑实例名，然后返回这些属性的值。GetVersion 函数返回当前正在播放动画的 Flash 播放器的版本。

9. 标识符

用于表示变量、属性、对象、函数或方法的名称。它的第一个字符必须是字母、下划线或美元符号。其后的字符也同样必须是字母、数字、下划线或美元符号。

10. 参数

参数是用于传递函数值的量。

11. 实例

实例是属于某个类的对象。类的每个实例均包含该类的所有属性和方法。例如所有影片剪辑都是 MovieClip 类的实例，因此，可以将 MovieClip 类的任何方法或属性用于任何影片剪辑。

12. 实例名称

实例名称是脚本中用来指向影片剪辑实例和按钮实例的唯一名称。例如库中的元件名称可以是 Counter，但在动画中将该元件的实例名称命名为 ScorePlayer1_mc。

13. 关键字

特殊含义的保留字。例如 var 是用于声明本地变量的关键字。它不能被用作标识符。在 ActionScript 3.0 中，使用 var 关键字来声明变量。格式如下所示：

```
var 变量名;
```

或

```
var 变量名=值;
```

要声明一个初始值，需要加上一个等号并在其后输入相应的值。

二、运算符与表达式

1. 关系运算符

关系运算符用于比较两个操作数的值的大小关系。常见的关系运算符一般分为两类：一类用于判断大小关系；一类用于判断相等关系。其具体情况如下。

(1) 判断大小关系：>大于运算符、<小于运算符、>=大于等于运算符、<=小于等于运算符。

(2) 判断相等关系：==等于运算符、!=不等于运算符、===严格等于运算符、!==严格不等于运算符。

关系运算符左右两侧可以是数值、变量或者表达式。关系表达式的结果是 Boolean 值，即 false 或者 true。

2. 逻辑运算符

逻辑运算符有 3 个，分别为：逻辑"与"运算符(&&)、逻辑"或"运算符(||)和逻辑"非"运算符(!)。逻辑运算符常用于逻辑运算，运算的结果为 Boolean 型。

(1) 逻辑与(&&)和逻辑或(||)要求左右两侧的表达式或者变量必须是 Boolean 型的值。

(2) &&：左右两侧有一个为 false，结果都为 false；只有两侧都为 true，结果才为 true。

(3) ||：左右两侧有一个为 true，结果都为 true；只有两侧都为 false，结果才为 false。

三、选择程序结构

选择程序结构就是利用不同的条件去执行不同的语句或者代码。ActionScript 3.0 有 3 个可用来控制程序流的基本条件语句。其分别为 if⋯else 条件语句、if⋯else if 条件语句、switch 条件语句。本项目主要应用了前两种选择程序结构。

1. if⋯else 语句

if⋯else 条件语句判断一个控制条件，如果该条件能够成立，则执行一个代码块，否则执行另一个代码块。

if⋯else 条件语句基本格式如下：

```
if(表达式)
{语句1}
else
{语句2}
```

2. if…else if…else 条件语句

if…else 条件语句执行的操作最多只有两种选择,要是有更多的选择,那就可以使用 if…else if…else 条件语句。

例如输入代码判断 num 值的范围,【动作】面板效果和测试后输出结果如图 6-73 所示。

```
var num=3;
if(num<0)
trace("num<0");
else if(num<3)
trace("num大于等于0小于3");
else if(num<4)
trace("num大于等于3小于4")
```

时间轴 | 输出 | 编译器错误 | 动画编辑器
num大于等于3小于4

图 6-73　测试 num 值范围

四、数组的创建和使用

程序中有时候需要使用一组变量(或对象),这时候就需要使用数组。数组是一个程序单元,它是包含了一组元素的容器,并提供了一些方法来管理。一般来讲,一个数组中的所有元素都是同一个数据类型的数据,或者说都是同一个类的对象。

1. 数组的创建

创建数组的方法有两种:一是利用构造函数创建;二是利用中括号赋值来创建。

1) 利用构造函数创建

构造函数创建数组的代码如下:

```
var _arr:Array=new Array()//创建一个空数组
var _arr:Array=new Array(3)  //创建一个长度为 3 的数组,数组中的元素为空
var _arr:Array=new Array(1,2,3,4)  //创建一个数组,并直接对该数组赋值
```

2) 利用中括号赋值来创建

```
var _arr:Array=["one","two","three","four","five"];//创建包含有 5 个实际内容的数组
```

2. 数组的引用

大多数的数组都是数字索引数组,也就是说数组中的每一个元素都保存在一个用数字(或称为地址)标记的位置上,通过这个数字来访问这个元素。

要访问数组中的元素,需要使用方括号运算符,方括号中表明数组元素的下标(或称地址)。数组的下标和 C 语言一样,是从 0 开始的整数。这样数组的第一个元素下标为 0,第 n 个元素下标为 n-1,最后一个元素的下标比元素的总数少 1。

例如在 Flash 中输出数组的值,在【动作】面板中输入如下代码,测试的效果如图 6-74 所示。

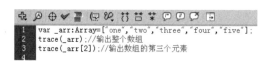
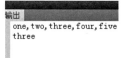

图 6-74　输出数组的值

五、利用超链接加载到指定网站浏览器窗口

利用 getURL()函数可以打开一个新的浏览器窗口。

例如，在场景中的时间轴第 1 帧处插入关键帧，绘制一个矩形按钮，类型为按钮，选中按钮，按 F9 键打开【动作】面板，输入动作代码 on (release) {getURL("www.163.com");}，如图 6-75 所示。

图 6-75　制作按钮动作代码

当单击按钮时，就会转到"网易"窗口，如图 6-76 所示。

图 6-76　加载新窗口效果

任务实践

（1）新建一个 Flash 文档，舞台大小为 680 像素×500 像素，保存名称为"节日宣传"。

（2）选择【文件】→【导入】→【导入到库】命令，打开【导入到库】对话框，导入所需要的所有素材，如图 6-77 所示。

传统节日宣传广告.mp4

（3）制作图片影片剪辑。

① 新建一个元件，设置【名称】为"图 1"，在时间轴的第 1 帧上，将"春节.jpg"拖入舞台中，设置大小为 680 像素×330 像素，相对于舞台全居中。

② 用同样的方法建立影片剪辑元件"图 2""图 3""图 4""图 5"，元件中的图片分别为"元宵节.jpg""清明节.jpg""端午节.jpg""中秋节.jpg"。

（4）制作顺序按钮。

① 新建一个元件，设置【名称】为1、【类型】为【按钮】，单击【确定】按钮进入按钮编辑区，在"图层 1"的弹起帧上，利用【椭圆工具】并按住 Shift 键绘制一个正圆形，相对于舞台全居中。新建一个图层，在"图层 2"的弹起帧上输入数字 1，相对于舞台全居中，如图 6-78 所示。

② 在库中选择 1 按钮，右击，在弹出的快捷菜单中选择【直接复制】命令，出现【直接复制元件】对话框，名称为默认，进入按钮编辑区，将"图层 1"圆形的颜色改为红色，

如图 6-79 所示。

图 6-77　导入素材

图 6-78　绘制 1 按钮

图 6-79　直接复制"1"按钮

③ 利用相同的方法制作 2、"2 副本"、3、"3 副本"、4、"4 副本"、5、"5 副本"等按钮。

(5) 制作左右按钮。

① 新建一个元件，设置【名称】为"春节左按钮"、【类型】为【按钮】，单击【确定】按钮进入按钮编辑区，在"图层 1"的弹起帧上和鼠标经过帧上插入关键帧，时间轴效果和关键帧效果如图 6-80 所示。

图 6-80　制作"春节左按钮"按钮

② 新建一个元件，设置【名称】为"春节右按钮"、【类型】为【按钮】，单击【确定】按钮进入按钮编辑区，在"图层 1"的弹起帧上和鼠标经过帧上插入关键帧，时间轴效果和关键帧效果如图 6-81 所示。

图 6-81　制作"春节右按钮"按钮

③ 按照上述方法制作"元宵节左按钮""元宵节右按钮""清明节左按钮""清明节右按钮""端午节左按钮""端午节右按钮""中秋节左按钮""中秋节右按钮"按钮。

(6) 制作主场景动画。

① 将场景中的"图层 1"改名为"图片"，在第 1 帧处插入关键帧，将"图 1"影片剪辑元件拖动到舞台中，并相对于舞台水平垂直方向对齐，如图 6-82 所示。在第 61、121、181、241 帧处分别插入关键帧"图 2""图 3""图 4""图 5"。

图 6-82　制作"图 1"

② 新建一个图层，设置【名称】为"横条"、新建一个元件，设置【名称】为"横条"，在舞台上绘制一个 680 像素×50 像素的矩形，颜色为灰色。将"横条"元件拖入到舞台中图片的下方，并在其属性中设置透明度为 70%，如图 6-83 所示。

图 6-83　制作"横条"

③ 新建一个图层，名称为"圆按钮"，在第 1 帧处，将"1 副本"、2、3、4、5 按钮拖入到舞台右下方的合适位置上，如图 6-84 所示。

图 6-84 设置顺序按钮

④ 为圆形按钮添加代码：选择"1 副本"，右击，在弹出的快捷菜单中选择【动作】命令，输入代码 on (release) {gotoAndPlay(1);}，用同样的方法为 2、3、4、5 添加代码，分别为：

```
on (release) { gotoAndPlay (61);}
on (release) { gotoAndPlay (121);}
on (release) { gotoAndPlay (181);}
on (release) { gotoAndPlay (241);}
```

⑤ 在第 61 帧处插入关键帧，将"1 副本"交换元件为 1，2 交换元件为"2 副本"，如图 6-85 所示。用同样的方法在第 121、181、241 帧处相应地改变圆形的按钮元件，用这种方式可以省略掉多次输入代码的麻烦。

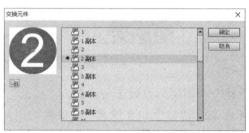

图 6-85 交换元件

⑥ 新建一个图层，名称为"左右按钮"，在第 1 帧处，将"春节左按钮"拖入到舞台的左侧，相对于舞台左对齐、垂直居中对齐；将"春节右按钮"拖入到舞台的右侧，相对于舞台右对齐、垂直居中对齐，如图 6-86 所示。

⑦ 用上述的方法在第 61、121、181、241 帧处插入关键帧，将"元宵节左按钮""元宵节右按钮""清明节左按钮""清明节右按钮""端午节左按钮""端午节右按钮""中秋节左按钮""中秋节右按钮"按钮拖到舞台的合适位置。

⑧ 为左右按钮添加代码，选择第 1 帧处的左按钮，右击，在弹出的快捷菜单中选择【动作】命令，输入代码 on (release) {gotoAndPlay(241);}，单击该按钮可以回到最后一幅图片；选择右按钮，添加代码为 on (release) { gotoAndPlay (61);}。用同样的方法为第 61、121、

181、241 帧处的左右按钮添加动作代码。

图 6-86　设置左右按钮

⑨ 选中"图片"图层的第 1 帧，选中"图 1"元件，将"图 1"影片剪辑元件转换为按钮元件，如图 6-87 所示。用同样的方法将"图 2""图 3""图 4""图 5"影片剪辑元件转换为按钮元件。

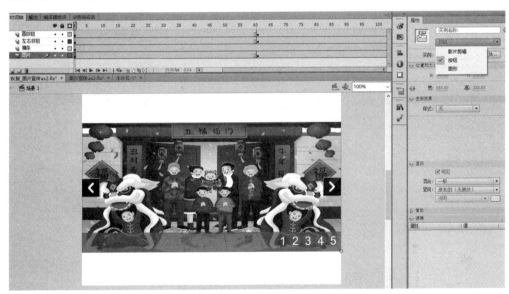

图 6-87　元件类型转换

⑩ 选中转换后的"图 1"按钮元件，右击为其添加代码 on (release) {getURL("https://baike.so.com/doc/5333009-5568377.html");}。用同样的方法为第 61、121、181、241 帧添加代码，分别为：

```
on(release){getURL("https://baike.so.com/doc/1556656-1645500.html");}
on(release){getURL("https://baike.so.com/doc/3212785-3385771.html");}
on(release){getURL("https://baike.so.com/doc/5333014-5568382.html");}
on(release){getURL("https://baike.so.com/doc/2427843-2566655.htm");}
```

⑪ 按 Ctrl+Enter 组合键测试影片，部分效果如图 6-88 和图 6-89 所示。

图 6-88 测试图片浏览效果图

图 6-89 测试网址链接效果图

上机实训　制作旅游景区宣传广告

【实训背景】

一个旅游景区想在网站中添加一个 Flash 动画片头,来宣传自己的旅游景点。

【实训内容和要求】

本次上机实训主要通过遮罩动画制作方法和图片处理技巧来制作动画,从而实现景区的宣传效果。要求能在广告中添加创造力,添加唯美艺术。

【实训步骤】

(1) 打开 Flash CS6 软件,新建一个文档,舞台大小设置为 800 像素×600 像素,背景颜色设置为#EEE9E5,保存为"景区广告.fla"。

(2) 导入动画广告所需要的素材。

(3) 将"图层 1"改名为"背景",导入"竹子"图片。延续到第 100 帧处。

(4) 新建一个图层,名称为"图像",将库中的 image4.png 拖入到舞台中,设置其大小为 725 像素×250 像素。在"图像"图层上创建一个新图层"图像遮罩",在第 1 帧绘制一个圆形,在第 39 帧用【铅笔工具】绘制一个多边形,创建形状补间,制作一个从圆到大的墨汁铺开的形状变化,效果如图 6-90 所示。将其设置为遮罩层,制作出图片出现的效果,时间轴效果如图 6-91 所示。

图 6-90　绘制效果

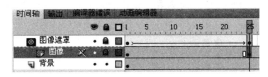

图 6-91　时间轴效果

(5) 新建一个元件,设置【名称】为"椭圆"、【类型】为【影片剪辑】,单击【确定】按钮,绘制一个"椭圆"元件。并利用【颜色】面板设置其填充颜色均为白色,但透明度不同,填充样式设为"径向渐变",如图 6-92 所示。

(6) 新建一个元件,设置【名称】为"tu1"、【类型】为【影片剪辑】,单击【确定】按钮进入编辑区域。

① 将"图层 1"改名为"图 1",在第 1 帧处拖入库中的 image2,将其大小设置为 550 像素×400 像素,相对于舞台居中对齐,并转换为元件。在第 1 帧处设置其透明度为 60%,在第 20 帧处插入关键帧,设置其透明度为 100%。选择第 1~20 之间任意帧,创建传统补间,为其制作透明逐渐显示的效果。

② 新建一个图层,名称为"图 2",在第 1 帧处拖入库中的 image3,将其大小设置为 550 像素×400 像素,相对于舞台居中对齐,并转换为元件。在第 20 帧处设置其透明度为 0,在第 45 帧处插入关键帧,设置其透明度为 100%。选择第 21~45 之间任意帧,创建传统补间,为其制作透明逐渐显示的效果。

③ 新建一个图层,名称为"遮罩",在第 1 帧处,将"椭圆"元件拖入舞台,大小为 550 像素×350 像素,相对于舞台居中对齐,将其图层设置为"图 1"和"图 2"的遮罩层。

④ 新建一个图层,名称为"椭圆",在第 1 帧处,将"椭圆"元件拖到舞台中,大小为 550 像素×350 像素,相对于舞台居中对齐,并转换为元件。在【属性】面板的【显示】卷展栏的【混合】下拉列表框中选择 Alpha 选项,效果如图 6-93 所示。在第 45 帧处插入动作代码 stop();,最终元件 tu1 的时间轴效果如图 6-94 所示。

(7) 进入场景,新建一个图层,名称为 tu1,在第 31 帧处插入关键帧,将元件 tu1 拖入舞台中,调整位置如图 6-95 所示,并延续到第 75 帧处。

图 6-92 【颜色】面板设置

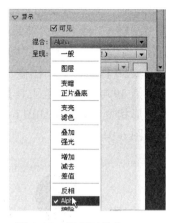

图 6-93 设置元件为 Alpha

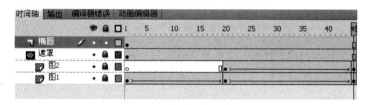

图 6-94 时间轴效果

图 6-95 调整 tu1 元件的位置

(8) 新建一个图层,名称为"tu1 遮罩",在第 31 帧处插入关键帧,绘制一个圆形,在第 50 帧处插入关键帧,绘制一个多边形,创建形状补间,制作一个从圆逐渐变大的墨汁铺开的形状变化,并延续到第 75 帧处。

(9) 新建一个图层,名称为"文字 1",在第 51~70 帧处制作"文字 1"元件的出现效果。用同样的方法新建图层"文字 2",同样在第 51~70 帧处制作"文字 2"元件的出现效果。

(10) 新建图层"景点图片",在第 91~110 帧之间制制作"景点图片"的出现效果。再新建图层"欢迎文字",制作"欢迎文字"的出现效果。在最后一帧处添加动作 stop();,时间轴效果如图 6-96 所示。

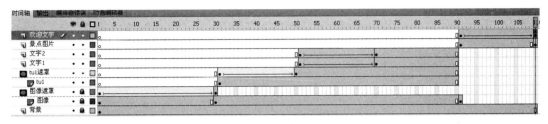

图 6-96 时间轴效果

【实训素材】

实例文件存储于"网络资源\源文件\项目六\景点广告.fla"中。

习　　题

一、填空题

1. 在 ActionScript 3.0 中，使用＿＿＿＿＿关键字来声明变量。
2. ActionScript 3.0 有 3 个可用来控制程序流的基本条件语句，分别为＿＿＿＿＿、＿＿＿＿＿、＿＿＿＿＿。
3. 利用＿＿＿＿＿函数可以打开一个新的浏览器窗口。

二、思考题

1. ActionScript 3.0 包括哪些数据类型？
2. 如何利用侦听机制进行超链接并加载到指定网站浏览器窗口？

项目七

制作应用程序

【项目导入】

现在网络上有很多 Flash 小游戏，还有一些供我们学习用的小软件，王宁觉得两者在一块可以称为 Flash 应用程序，既包括软件，又包括小游戏。王宁主要在不涉及客户端技术的基础上制作了 3 个小程序，效果如图 7-1 所示。

图 7-1 效果图

王宁制作这 3 个小程序的具体操作步骤如下。

(1) 确定程序的最终产品形式。
(2) 进行内容策划，结合在图书馆、互联网查找相关资料，得出结论并进行分析，搜集广告所需要的所有素材，最终以报告形式得出结果。
(3) 利用 Flash 软件进行美化设计，制作游戏所需要的动画效果。
(4) 利用 ActionScript 代码完成程序所需要的互动效果。

【项目分析】

在此项目中，主要通过动态文本框和 ActionScript 代码实现电子计算器的计算功能，利用拖曳函数实现游戏中的换装效果，利用 ActionScript 3.0 制作打兔子小游戏。

【能力目标】

- 能够利用按钮实现制作计数器。
- 学会使用 Flash 制作小游戏。

【知识目标】

- 掌握 ActionScript 3.0 拖曳函数的使用。
- 正确掌握碰撞函数的使用。

任务一 制作简易计算器

知识储备

一、动态文本的应用

1. 动态文本的设置

动态文本可以作为对象来应用。在【属性】面板的下拉列表框中

动态文本应用.mp4

选择【动态文本】选项，在舞台中拖曳出所需要的动态文本框即可，一般内容不需要输入，通过变量来动态控制，并可设置它的文字大小、颜色和字体类型，也可在右下方的【变量】文本框中为其定义一个变量名，有利于在 ActionScript 代码中处理数据，如图 7-2 所示。

图 7-2　动态文本【属性】面板

2. 使用动态文本的实例名字来赋值

如果用文本实例名字来进行赋值，必须使用以下格式：动态文本实例的名字.text="需要赋值的内容"。使用动态文本的实例名字来赋值的操作步骤如下。

（1）在舞台上创建一个动态文本框，并为这个动态文本实例起一个名字 test，如图 7-3 所示。

（2）选中时间轴的第 1 帧，打开【动作】面板，输入以下脚本："test.text = "动态文本框""，按下 Ctrl+Enter 组合键就可进行测试了，如图 7-4 所示。

图 7-3　设置实例名

图 7-4　无边框效果

（3）单击【字符】卷展栏中的"在文本周围显示边框"按钮，则可以为动态文本添加边框，如图 7-5 所示。

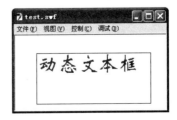

图 7-5　动态文本加边框效果

3. 使用动态文本变量来赋值

赋值格式为：变量名="赋值的内容"，使用变量来赋值的操作步骤如下。

(1) 在舞台上创建一个动态文本框，并为这个动态文本实例起一个变量名，如"text"，如图 7-6 所示。

(2) 选中时间轴的第 1 帧，打开【动作】面板，输入以下脚本：text = "Flash"，按下 Ctrl+Enter 组合键就可进行测试，测试结果如图 7-7 所示。

图 7-6　动态文本设置变量名　　　　图 7-7　动态文本效果

> 提示：以上两种赋值方法如果内容过多需要换行时，需要使用换行符（"\r"即 ASCII 13）分隔。

二、元件实例命名时绝对路径和相对路径的使用

要让动画产生交互效果，需要为对象取一个名称，还要确定它们的位置及路径。这样才能明确动作脚本是设给谁的，让一个对象能控制另外一个对象的播放。将库中的元件拖到舞台中，就变为该元件的一个实例。元件名和实例名有着本质的区别，元件名和实例名是两种不同的元件标识方式，其中在库中看到的是元件的"元件名"，而要在 ActionScript 脚本中调用(或定位)此元件，一般使用其"实例名"，实例名要在【属性】面板中进行设置。这里所说的实例包括：影片剪辑元件、视频剪辑元件、按钮元件、动态文本实例和输入文本实例。

> 提示：实例名可以是一个字母，也可以是由一个单词或几个单词构成的字符串。实例名通常以字母或下划线开头，实例名中不能有空格，可以使用数字。例如，q1、start。

在 Flash 中有主时间轴，在主场景中可以放置多个影片剪辑实例，每个影片剪辑实例又有自己的时间轴，每个影片剪辑又可以有多个子影片剪辑实例或者按钮实例。这样，Flash 中就会形成层层叠叠的实例，要使用动作脚本控制某个实例的播放，不仅需要知道实例的名称，还需要说明实例的路径。路径分两种：绝对路径和相对路径。绝对路径是从主场景即_root 开始一层一层找到实例为止的路径(每层之间用"."连接)；相对路径是从当前影片剪辑开始的路径。_root 是指主时间轴，可以使用_root 创建一个绝对路径。例如，在主场景舞台上有一个实例名称为 wj 的影片剪辑，在 wj 实例中还包含一个子影片剪辑 wj1，在 wj1 实例中还包含一个子影片剪辑实例 wj2。对 wj2 使用 play();命令则应该使用动作脚本_root.wj.wj1.wj2.play();;　对 wj 使用 stop();命令则应该使用动作脚本_root.wj.stop();;　_parent

是用来引用嵌套在当前影片剪辑中的影片剪辑，可以使用_parent 来创建一个相对路径。例如，若一个影片剪辑 flower 嵌套在影片剪辑 flowermove 中，那么在影片剪辑 flower 里添加_parent.play();语句，表明让影片剪辑 flowermove 开始播放。如果当前在 flowermove 中要让其播放，也可以使用 this.flowermove.play();语句，表示对其本身进行播放。

> **提示：** 对于初学者，绝对路径比相对路径容易理解，建议使用绝对路径。使用相对路径必须要清楚动作脚本是在哪一级的影片剪辑中写的，是对哪一级的影片剪辑进行的操作，比较熟练时，使用相对路径比较方便。

三、字符串连接运算符"+"

例如：trace("Action"+"Script"+"3.0");代码输出的字符串为 ActionScript 3.0。

四、判断字符串相等运算符"=="

例如：

```
var a;
a=1;
if(a==1)
trace("相同！");
else
trace("不相同！")//测试结果为"相同"
```

任务实践

(1) 新建一个 Flash 文档，保存为"计算器.fla"。

(2) 新建一个元件，设置【名称】为"背景"、【类型】为"图形"，单击【确定】按钮，在舞台上利用【基本矩形工具】绘制一个 280×380 的圆角矩形，颜色为#DD0ECD，并在其中绘制一个 240×90 的圆角矩形和 148×38 的矩形框，颜色分别为#FFF5EC 和#99CC99，如图 7-8 所示。

计算器.mp4

(3) 制作按钮元件

① 新建一个元件，设置【名称】为 1、【类型】为【按钮】，单击【确定】按钮，在舞台上绘制如图 7-9 所示的按钮。

图 7-8 绘制背景图

图 7-9 制作"1"按钮

② 用直接复制的方法绘制 2、3、4、5、6、7、8、9、0、+、-、*、/、=、.、clear 等按钮。部分图效果如图 7-10～图 7-12 所示。

图 7-10　数字部分按钮　　　图 7-11　clear 按钮　　　图 7-12　符号部分按钮

(4) 返回到场景，将舞台大小属性修改为 300×400，并将"图层 1"改名为"背景"，将"背景"元件拖入并相对于舞台全部居中。

(5) 新建一个图层，名称为"按钮"，将所有的按钮进行拖入排列。

(6) 新建一个图层，名称为"动态文本框"，在背景的矩形位置利用【文本工具】绘制一个动态文本框，并将属性的实例名称设置为 dt。时间轴效果和舞台效果如图 7-13 和图 7-14 所示。

图 7-13　时间轴效果　　　　　　　图 7-14　计算器界面

(7) 为按钮添加动作代码。

① 为数字 1、2、3、4、5、6、7、8、9、0 和.添加动作代码。右击所需要添加代码的按钮，在弹出的快捷菜单中选择【动作】命令，为其添加代码，每个按钮对应的代码如下：

```
on (release) {dt.text=dt.text+"1";}  //数字 1 按钮的动作代码
on (release) {dt.text=dt.text+"2";}  //数字 2 按钮的动作代码
on (release) {dt.text=dt.text+"3";}  //数字 3 按钮的动作代码
on (release) {dt.text=dt.text+"4";}  //数字 4 按钮的动作代码
on (release) {dt.text=dt.text+"5";}  //数字 5 按钮的动作代码
on (release) {dt.text=dt.text+"6";}  //数字 6 按钮的动作代码
on (release) {dt.text=dt.text+"7";}  //数字 7 按钮的动作代码
on (release) {dt.text=dt.text+"8";}  //数字 8 按钮的动作代码
on (release) {dt.text=dt.text+"9";}  //数字 9 按钮的动作代码
on (release) {dt.text=dt.text+"0";}  //数字 0 按钮的动作代码
on (release) {dt.text=dt.text+".";}  //字符.按钮的动作代码
```

② 为符号+、-、*、/、=、clear 添加动作代码，每个按钮分别对应的代码为：

```
on (release) {op1=Number(dt.text);op=op1+op;dt.text="";t="+";}//符号+按钮的
动作代码
on (release) {op1=Number(dt.text);op=op-op1;dt.text="";t="-";}//符号-按钮的
动作代码
on (release) {op1=Number(dt.text);op=op1*op;dt.text="";t="*";}//符号*按钮的
动作代码
on (release) {op1=Number(dt.text);op=op/op1;dt.text="";t="/";}//符号/按钮的
动作代码
on (release) {op2=Number(dt.text);    //符号=按钮的动作代码
switch(t)
{case "+":dt.text=String(op1+op2);op=dt.text;op1=0;break;
case "-":dt.text=String(op1-op2);op=dt.text;break;
case "*":dt.text=String(op1*op2);op=dt.text;op1=1;break;
case "/":dt.text=String(op1/op2);op=dt.text;break;
}
}
on (release) {dt.text="";op1=op2=op=0;}  //符号clear按钮的动作代码
```

(8) 新建一个图层，名称为as，在第1帧上插入动作代码：

```
var dt, t;
var op1=op2=op=0;
```

(9) 按Ctrl+Enter组合键测试影片。

任务二　制作美女换装游戏

知识储备

在关键帧、按钮实例和影片剪辑实例上可以添加动作脚本。为影片剪辑或按钮添加动作脚本时需要一个事件处理函数，前面讲过的on语句就是为按钮实例添加的事件处理器。在为影片剪辑实例添加动作脚本时，必须先为其添加onClipEvent事件处理函数。

onClipEvent的语法格式如下：

```
onClipEvent(系统事件){ }
```

大括号中内容为语句，用来响应事件。

> **提示**：Flash中的事件包括用户事件和系统事件两类。用户事件指的是用户直接交互操作而产生的事件，例如单击鼠标或按键盘键等。系统事件是指Flash自动生成的事件，如影片剪辑在舞台上第1次出现或播放头经过某一帧。

Flash中的系统事件包括以下几种：
- Load：载入影片剪辑，执行大括号中的内容。
- unload：在时间轴中删除影片剪辑实例之后，执行大括号中的内容。
- enterFrame：只要影片剪辑在播放，便会不断地执行大括号中的内容。
- mouseMove：每次移动鼠标时执行动作。
- mouseDown：每次单击鼠标左键时执行动作。
- mouseUp：当释放鼠标时执行动作。

- KeyDown：当按某个键时执行动作。
- KeyUp：当释放某个键时执行动作。控制影片剪辑拖放函数的使用。

一、影片剪辑的拖放函数

1. startDrag 函数

```
startDrag("实例名",true/false，左,顶,右,底);
```

其中，"实例名"是指影片剪辑在【属性】面板中设定的实例名称。true/false(可选)指定可拖动影片剪辑是锁定到鼠标位置中央(true)，还是锁定到用户首次单击该影片剪辑的位置上(false)。设为 true 时，则单击实例名要拖动时，鼠标自动会跑到 MC 的内部注册点去。"左，顶，右，底"是指这 4 个参数的值规定了在什么样的范围内拖动。这 4 个值可省略，如果省略，就意味着可以在整个舞台区域内拖动。作用是使指定的影片剪辑在影片播放过程中可拖动。

> 提示：一次只能拖动一个影片剪辑。执行 startDrag()操作后，影片剪辑将保持可拖动状态，直到用 stopDrag()语句停止拖动为止，或直到对其他影片剪辑调用 startDrag()动作为止。

2. stopDrag 函数

```
stopDrag();
```

是用来停止当前的拖动操作。

3. _droptarget 属性

_droptarget 属性是以斜杠语法记号，表示返回指定影片剪辑，放置到影片剪辑实例的绝对路径。

_droptarget 属性始终返回以斜杠(/)开始的路径。若要将实例中的_droptarget 属性与引用进行比较，可使用 eval() 函数将返回值从斜杠语法转换为点语法表示的引用(如 eval ("var" + i) = "first"；替换为：this["var"+i] = "first")。_droptarget 属性还具有对拖动图像的吸附功能。当图案在规定区域的±5 像素时，吸附到规定区域；当图案不在规定的区域时，返回原位置。

二、影片剪辑的碰撞函数

hitTest 函数是用来检测两个物体或目标(影片剪辑)是否重叠和相交，如果相交或重叠，则视为碰撞，则返回 true，就执行相应的动作，否则返回 false。

1. hitTest 碰撞函数

my_mc.hitTest(x, y, true[false])语句是影片剪辑 my_mc 和由 x，y 指定的点击区域重叠或交叉，执行大括号中命令。参数 true 是 my_mc 的整个形状；false 是 my_mc 包括边框。

2. hitTest 碰撞函数在时间轴上应用案例

新建一个 Flash 文档(ActionScript 3.0)，【名称】为"碰撞 1"，在舞台中绘制一个小球，转换为元件，【类型】为【影片剪辑】，在【属性】面板中为其实例名命名为 qiu_mc。在时间轴的第 1 帧添加动作代码，如图 7-15 所示。

```
qiu_mc.onEnterFrame=function()
{if(this.hitTest(_root._xmouse,
_root._ymouse, ture))
 this._x+=10;
if (this._x>=500)
this._x=0;
}
```

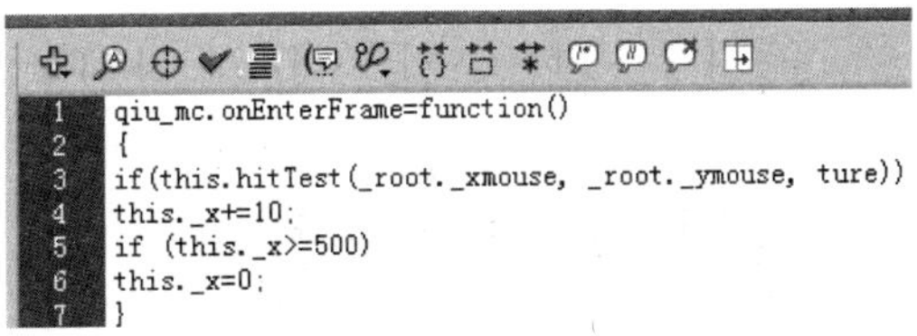

图 7-15　代码效果

3. hitTest 碰撞函数在影片剪辑上应用案例

新建一个 Flash 文档(ActionScript 3.0)，【名称】为"碰撞 2"，在舞台中绘制一个小球，并转换为元件，【类型】为【影片剪辑】，在【属性】面板中为其实例名命名为"qiu_mc"。选中舞台中的小球，右击，添加动作如图 7-16 所示。

```
onClipEvent (enterFrame)
{if(this.hitTest(_root._xmouse,
root._ymouse, ture))
this._x+=10;
if (this._x>=500)
this._x=0;
}
```

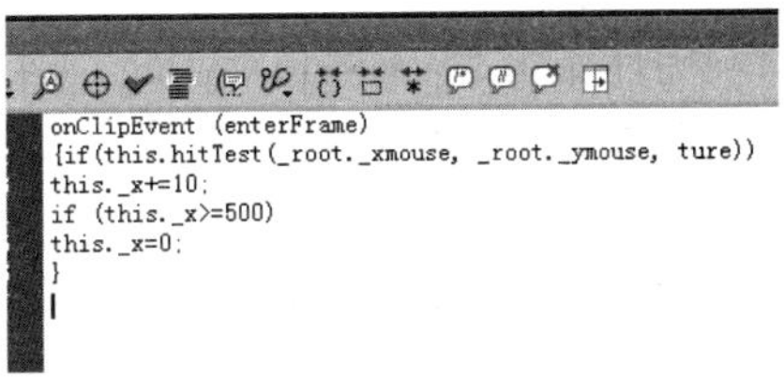

图 7-16　代码效果

4. my_mc.hitTest(target)

影片剪辑 my_mc 与 target 目标路径指定的实例交叉或重叠。target 参数通常表示带路径的实例名。

任务实践

（1）新建一个 Flash 文档(ActionScript 3.0)，设置文档尺寸为 700×580 像素，保存为"美女换装.fla"。

（2）创建"衣柜"元件。利用前面所学的知识绘制出漂亮的衣柜，时间轴和整体效果如图 7-17 和图 7-18 所示。

美女换装.mp4

（3）将图片"上 1""上 2""上 3""上 4""下 1""下 2""下 3""下 4""美女"导入到库中。

（4）制作上衣的元件。

① 新建一个元件，设置【名称】为 shangyi、【类型】为【影片剪辑】，单击【确定】按钮。

② 在舞台的第 2 帧处插入关键帧，将 s1.png 元件拖进来，在第 3 帧处将 s2.png 作为关键帧，同样在第 3、4 帧将 s3.png、s4.png 作为关键帧拖到舞台中来。

③ 新建一个图层，在第 1 帧处按 F9 键打开【动作】面板，输入代码 stop();，在第 5 帧处插入帧。

图 7-17 时间轴效果

图 7-18 绘制的"衣柜"

(5) 制作下衣的元件。

① 新建一个元件,设置【名称】为 xiayi、【类型】为【影片剪辑】,单击【确定】按钮。

② 在舞台的第 2 帧处插入关键帧,将 x1.png 元件拖进来,在第 3 帧处将 x2.png 作为关键帧,同样在第 3、4 帧将 x3.png、x4.png 作为关键帧拖到舞台中来。

③ 新建一个图层,在第 1 帧处按 F9 键打开【动作】面板,输入代码 stop();,在第 5 帧处插入帧。

(6) 制作主场景舞台。

① 将"图层 1"改名为"背景",将"背景"图片拖入舞台中,并转换为元件,设置其透明度为 42%,如图 7-19 所示。

② 新建一个图层,名称为"衣柜",将"衣柜"影片剪辑拖入舞台中,如图 7-20 所示。

图 7-19 制作"背景"

图 7-20 制作"衣柜"

③ 新建一个图层,名称为"衣服",将库中的 8 件衣服图片拖入到衣柜的合适位置,并将其分别转换为影片剪辑元件,名称分别对应为"上 1.png""上 2.png""上 3.png""上 3.png""下 1.png""下 2.png""下 3.png""下 4.png",并在其【属性】面板中设置实例名称分别为 s1、s2、s3、s4、x1、x2、x3、x4,效果如图 7-21 所示。

④ 新建一个图层,名称为"女孩背景",用【基本矩形工具】在舞台的合适位置绘制一个圆角

图 7-21 设置"衣服"位置

矩形，填充颜色为"径向渐变"(#FFFFFF—0095DE)，透明度为 50%和 60%，如图 7-22 所示。

图 7-22 制作"女孩背景"

⑤ 新建一个图层，名称为"美女"，将"美女"图片拖入舞台，并转换为影片剪辑元件，在其【属性】面板上设置其实例名为 mm，如图 7-23 所示。

图 7-23 "美女"元件

⑥ 新建一个图层，名称为"上衣"，将 shangyi 影片剪辑元件拖入到舞台中的合适位置，并在其【属性】面板中设置实例名为 shang，并通过双击 shangyi 元件，来设置每一件上衣的具体位置，如图 7-24～图 7-27 所示。

⑦ 新建一个图层，名称为"下衣"，将 xiayi 影片剪辑元件拖入到舞台的合适位置上，并将其实例名设置为 xia，并用上述的方法来确定下衣的具体位置，如图 7-28～图 7-31 所示。

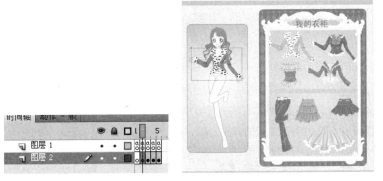

图 7-24 设置"上衣 1"

图 7-25 设置"上衣 2"

图 7-26 设置"上衣 3"

图 7-27 设置"上衣 4"

图 7-28 设置"下衣 1"

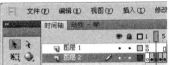

图 7-29 设置"下衣 2"

图 7-30 设置"下衣 3"

图 7-31 设置"下衣 4"

(7) 为衣服元件添加动作代码。

① 为上衣元件(实例名为 s1)添加动作代码，代码如下：

```
onClipEvent (mouseDown) {
if(this.hitTest(_root._xmouse,_root._ymouse,false))
{   this.startDrag(true);
x=this._x;
y=this._y;  }
}
onClipEvent (mouseUp) {
if (this.hitTest (_root.mm))
```

```
{_root.shang.gotoAndStop(2);
this._visible=0;
_root.s2._visible=1;
_root.s3._visible=1;
_root.s4._visible=1;
}
this._x=x;
this._y=y;
stopDrag();
}
```

② 为上衣元件(实例名为 s2)添加动作代码，代码如下：

```
onClipEvent (mouseDown) {
if(this.hitTest(_root._xmouse,_root._ymouse,false))
{   this.startDrag(true);
x=this._x;
y=this._y;  }
}
onClipEvent (mouseUp) {
if (this.hitTest (_root.mm))
{_root.shang.gotoAndStop(3);
this._visible=0;
_root.s1._visible=1;
_root.s3._visible=1;
_root.s4._visible=1;
}
this._x=x;
this._y=y;
stopDrag();
}
```

③ 为上衣元件(实例名为 s3)添加动作代码，代码如下：

```
onClipEvent (mouseDown) {
if(this.hitTest(_root._xmouse,_root._ymouse,false))
{   this.startDrag(true);
x=this._x;
y=this._y;  }
}
onClipEvent (mouseUp) {
if (this.hitTest (_root.mm))
{_root.shang.gotoAndStop(4);
this._visible=0;
_root.s1._visible=1;
_root.s2._visible=1;
_root.s4._visible=1;
}
this._x=x;
this._y=y;
stopDrag();
}
```

④ 为上衣元件(实例名为 s4)添加动作代码,代码如下:

```
onClipEvent (mouseDown) {
if(this.hitTest(_root._xmouse,_root._ymouse,false))
{   this.startDrag(true);
x=this._x;
y=this._y;  }
}
onClipEvent (mouseUp) {
if (this.hitTest (_root.mm))
{_root.shang.gotoAndStop(5);
this._visible=0;
_root.s1._visible=1;
_root.s2._visible=1;
_root.s3._visible=1;
}
this._x=x;
this._y=y;
stopDrag();
}
```

⑤ 为下衣元件(实例名为 x1)添加动作代码,代码如下:

```
onClipEvent (mouseDown) {
if(this.hitTest(_root._xmouse,_root._ymouse,false))
{   this.startDrag(true);
x=this._x;
y=this._y;  }
}
onClipEvent (mouseUp) {
if (this.hitTest (_root.mm))
{_root.xia.gotoAndStop(2);
this._visible=0;
_root.x2._visible=1;
_root.x3._visible=1;
_root.x4._visible=1;
}
this._x=x;
this._y=y;
stopDrag();
}
```

⑥ 为下衣元件(实例名为 x2)添加动作代码,代码如下:

```
onClipEvent (mouseDown) {
if(this.hitTest(_root._xmouse,_root._ymouse,false))
{   this.startDrag(true);
x=this._x;
y=this._y;  }
}
onClipEvent (mouseUp) {
if (this.hitTest (_root.mm))
{_root.xia.gotoAndStop(3);
```

```
this._visible=0;
_root.x1._visible=1;
_root.x3._visible=1;
_root.x4._visible=1;
}
this._x=x;
this._y=y;
stopDrag();
}
```

⑦ 为下衣元件(实例名为 x3)添加动作代码，代码如下：

```
onClipEvent (mouseDown) {
if(this.hitTest(_root._xmouse,_root._ymouse,false))
{   this.startDrag(true);
x=this._x;
y=this._y;  }
}
onClipEvent (mouseUp) {
if (this.hitTest (_root.mm))
{_root.xia.gotoAndStop(4);
this._visible=0;
_root.x1._visible=1;
_root.x2._visible=1;
_root.x4._visible=1;
}
this._x=x;
this._y=y;
stopDrag();
}
```

⑧ 为下衣元件(实例名为 x4)添加动作代码，代码如下：

```
onClipEvent (mouseDown) {
if(this.hitTest(_root._xmouse,_root._ymouse,false))
{   this.startDrag(true);
x=this._x;
y=this._y;  }
}
onClipEvent (mouseUp) {
if (this.hitTest (_root.mm))
{_root.xia.gotoAndStop(5);
this._visible=0;
_root.x1._visible=1;
_root.x2._visible=1;
_root.x3._visible=1;
}
this._x=x;
this._y=y;
stopDrag();
}
```

(8) 按 Ctrl+Enter 组合键测试影片，效果如图 7-32 所示。

图 7-32 测试效果

任务三 制作打兔子游戏

知识储备

此任务是在 ActionScript 3.0 的基础上进行制作的,也可以在 ActionScript 2.0 的基础上进行深入的学习,此任务在教学过程中属于选学部分内容。

一、基于 ActionScript 3.0 的【动作】面板

1. ActionScript 3.0 与 2.0 区别

本任务中主要讲解 ActionScript 3.0,可能部分同学已经有 2.0 基础,同时网络上也有大量的基于 2.0 的 Flash 动画,因此有必要在此将 ActionScript 3.0 和 2.0 进行一番比较,以使大家对 3.0 亦有一些了解。

1) 类划分得更明确

在 2.0 时代,加载外部图像、动画和绘图都会引用大量的 MovieClip,但是只使用了其中的部分功能,以造成性能的浪费。而在 3.0 中,把这些功能分开使用,例如通过 Loader 对象来加载外部的 JPG、PNG 或 SWF 文件,通过 MovieClip 对象的 graphfics 属性 moveTo 方法来绘制图形。

2) 统一事件

ActionScript 2.0 中可以使用 on、addListener、addEventListener 等写法来赋予对象各种事件,执行方法的多样,很容易让人迷糊。3.0 则全部使用 addEventListener()函数来侦听特定发送者发出的事件。

3) 内存工作方式更有效率

ActionScript 2.0 的显示对象,例如 MovieClip、Button、文字、色块、位图等,一旦被实例化后,就会立即出现在 Flash 的舞台中。而 3.0 的显示对象被实例化后,不会马上出现,而是等到需要的时候,通过 addChild()或 DisplayObjectContainer 加入,这样可以减少内存资源的消耗,使动画运行得更流畅。

4) 强制性声明变量

ActionScript 2.0 可以不使用关键词声明,直接使用变量,语法的规范性不强。而 3.0 一定要通过关键词 var 声明变量,同时还引入了 const 来声明常量。常量一般用来存储某一固定值,例如圆周率 3.14 等。

2.【动作】面板

选择【窗口】→【动作】命令或按 F9 键打开【动作】面板,如图 7-33 所示。

图 7-33 【动作】面板

3. 简单的脚本语言 stop()、gotoAndplay()、gotoAndStop()

本小节将学习在关键帧上添加 stop()、gotoAndPlay()、gotoAndStop()动作,来控制影片的播放。其中,stop()的作用是停止动画播放,gotoAndPlay()的作用是通知播放头跳转到某一帧并在该帧播放,gotoAndStop()的作用是通知播放头跳转到某一帧并在该帧停止,在动画播放时,如果没有遇到停止的指令,就会不停地向前执行。

4. 创建和添加显示对象实例

在 ActionScript 3.0 中,要把一个对象显示在屏幕中,需要做两步工作:一是创建显示对象;二是把显示对象添加到容器的显示列表中。加入显示列表的方法有两种,用【库】面板拖曳的方式或者 addChild()函数来实现。

1) 直接拖曳的方式添加实例对象

在前面几个项目中已经普遍使用了这种方式,在此主要讲解实例名的设置。

打开"花草.fla"源文件,在场景中单击对象"太阳",在其【属性】面板中将其实例名称修改为"太阳",本名称就是对象的实例名,可以在代码中直接使用,如图 7-34 所示。

图 7-34 设置对象实例名

2) 利用 addChild()函数添加实例对象

要在 ActionScript 3.0 中创建一个显示对象，只需使用 new 关键字加类的构造函数即可。只要是继承自 DisplayObject 类或者其子类的实例都可以添加到显示对象列表中，比如 Sprite、MovieClip、TextField 或自定义类。

(1) 创建和显示 TextField(文本框)。

在关键帧上按 F9 键打开【动作】面板，添加代码如图 7-35 所示。测试效果如图 7-36 所示。

```
var mytext:TextField =newTextField( );//创建文本框对象
mytext.text="文本框";//设置文本框对象内容
addChild(mytext);//在场景中显示对象
```

图 7-35　创建和显示 TextField(文本框)代码

图 7-36　"文本框"测试效果

(2) 创建自定义类。

新建一个 Flash 文件，命名为 play，插入一个按钮元件 play。在【库】面板中找到需要定义类的按钮元件 play，右击，在弹出的快捷菜单中选择【属性】命令，如图 7-37 所示。在【属性】面板的【ActionScript 链接】中选中【为 ActionScript 导出】复选框，在【类】后面将类名修改为 mcplay，单击【确定】按钮，出现警告对话框，单击【确定】按钮，如图 7-38 所示。

图 7-37　【库】面板

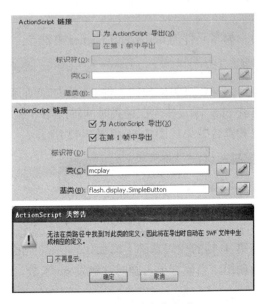

图 7-38　创建自定义类

在关键帧上按 F9 键打开【动作】面板，添加代码如图 7-39 所示。测试效果如图 7-40 所示。

```
var mc:mcplay=new mcplay();//创建自定义类 yuan 对象
addChild(mc);//显示对象
mc.x=450;//设置对象的 x 坐标
mc.y=250;//设置对象的 y 坐标
```

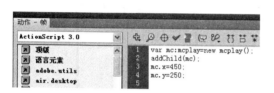

图 7-39　创建自定义类对象代码

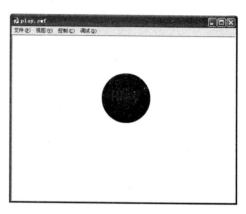

图 7-40　自定义类测试效果

5. 事件侦听机制

ActionScript 3.0 已经不支持在元件上编写监听事件，必须在关键帧上编写监听函数，然后再编写元件的 addEventListener 方法。

1) 自定义监听实现函数

```
Function  函数名称(事件对象:事件类型):void
{
//此处书写为响应事件而执行的动作
}
```

2) 编写元件的 addEventListener 方法

```
触发事件的元件对象.addEventListener(事件类型.事件名称，函数名称);
```

例：为自定义类的按钮元件 mc 添加侦听函数。

打开 play 源文件，在场景时间轴的第 5 帧中添加关键帧，输入"开始播放！"，时间轴效果和舞台效果如图 7-41 和图 7-42 所示。

图 7-41　时间轴效果　　　　　　　　　　图 7-42　舞台效果

在第 1 帧的代码基础上添加代码：mc.addEventListener(MouseEvent.CLICK,go);，即侦听函数调用，当鼠标单击圆时，触发 go 函数，执行所规定的动作。

```
Function go(event:MouseEvent):void//自定义监听函数 go
{
```

```
gotoAndPlay(5);//跳到并停止在第 5 帧
removeChild(mc);  //移除已经显示的对象 mc
}
```

按 Ctrl+Enter 组合键测试效果,如图 7-43 所示。

图 7-43 测试效果

6. startDrag()函数

startDrag()函数方法有两个参数,第一个参数表示要拖动对象时的鼠标位置,如果参数为 true,则拖动对象时鼠标的位置会自动跳转到该对象的内部注册点;如果参数为 false,则鼠标位置为单击拖动对象时的鼠标位置。

例如,mc.addEventListener(MouseEvent.MOUSE_DOWN,sj);

```
Function sj(e:MouseEvent)
{
mc.startDrag(true); //设为true,则单击拖动mc 时,鼠标自动会跳转到MC 的内部注册点
} //mc 内部注册点如果是左上角,则鼠标跳转到左上角
mc.addEventListener(MouseEvent.MOUSE_DOWN,sj);
 function sj(e:MouseEvent)
{
mc.startDrag(false);  //设为false,则单击拖动mc 时,鼠标单击到mc 的哪个位置,就从
哪个位置开始拖动mc
}
```

startDrag()方法的第二个参数,设定了拖动对象时的范围,如果没有第二个参数,则对象可被拖动到任意位置。startDrag()方法的第二个参数要求是 Rectangle 类型,因此,要先创建一个 Rectangle 类型来作为第二个参数使用。

例如,var he:Rectangle=new Rectangle(mc.x,mc.y,300,0);
上述代码指的是新建一个 Rectangle 类,第一个和第二个参数表示 x、y 坐标,第三个和第四个参数表示要移动的对象的水平和纵向像素量。

```
mc.addEventListener(MouseEvent.MOUSE_DOWN,sj);
Function sj(e:MouseEvent)
{
```

```
mc.startDrag(false,he); //应用 startDrag()的第二个参数,表示从 mc 的坐标位置开始,
允许 mc 在 x 方向右移 300 个像素
}
```

7. stopDrag()函数

在拖动结束命令 stopDrag()函数中,则不需要设置参数。

8. 碰撞检测两个影片

使用 hitTestObject 判断两个影片是否碰撞是最简单的碰撞检测方法。调用这个函数作为影片的方法,将另一个影片的引用作为参数传入。注意,虽然说的是影片,但这两种方法都是 DisplayObject 类的成员,对于所有继承自显示对象类的子类,如 MovieClip、Bitmap、Video、TextField 等都可以使用。

格式如下: sprite1.hitTestObject(sprite2)

通常在 if 语句中使用:

```
if(sprite1.hitTestObject(sprite2))
{
    // 碰撞后的动作
}
```

9. 影片与点的碰撞检测

hitTestPoint 的工作方法有些不同,还带有一个可选参数。这个方法在判断两个影片的碰撞时并不常用。该方法中有两个 Number 类型的参数,用于定义点。根据影片是否与某点相交,返回 true 或 false。比如 sprite.hitTestPoint(100,100); 同样,可以在 if 语句中使用它来判断碰撞为 true 时要执行的代码。

10. 使用 shapeFlag 执行碰撞检测

shapeFlag 是 hitTestPoint 方法的第三个参数,这个参数是可选的,其值是 Boolean 类型,因此只有 true 和 false。将 shapeFlag 设置为 true 时,意味着碰撞检测时判断影片中可见的图形,而不是矩形边界。注意,shapeFlag 只能用在检测点与影片的碰撞中。如果是两个影片的碰撞就不能用这个参数。

二、类的使用

1. 类的概念

类(Class)就是一群对象所共有的特性和行为。早在 ActionScript 1.0 中,程序员使用原型(Prototype)扩展的方法,来创建继承或者将自定义的属性和方法添加到对象中来,这是类在 Flash 中的初步应用。在 ActionScript 2.0 中,通过使用 class 和 extends 等关键字,正式添加了对类的支持。ActionScript 3.0 不但继续支持 ActionScript 2.0 中引入的关键字,而且还添加了一些新功能,如通过 protected 和 internal 属性增强了访问控制,通过 final 和 override 关键字增强了对继承的控制。

2. 类的构成

类的构成主要包括类的名称、构造函数、属性(包括实例属性和静态属性)、方法(包括

实例方法和静态方法)等组成部分。

3. 类的使用

在 ActionScript 3.0 中，Flash 进入了完全面向对象的开发过程，面向对象意味着模块独立，意味着美术和程序的独立。ActionScript 2.0 时代很多代码都写在关键帧上，查找维护很复杂，很多代码都放在主时间轴上，而 ActionScript 3.0 主时间轴代码可以利用文档类来实现，文档类其实就是将主时间轴上的代码创建成了一个类文件。

(1) 建立一个准备保存类文件的目录，即为一个包(package)。比如在计算机中有个目录"F:\flashtest"。

(2) 启动 Adobe Flash CS6，打开 Flash 软件，新建一个 ActionScript 3.0 空白文档，并保存在上面的目录下，名称为"类文件测试"，如图 7-44 所示。

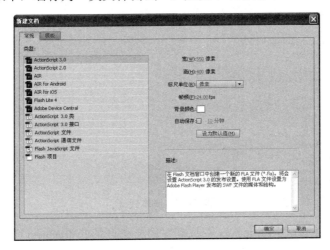

图 7-44　新建 ActionScript 3.0 空白文档

(3) 新建一个 ActionScript 文件(注意这个文件不是 Flash 文件，而是一个纯代码文本文件，专门用来编写外部的类代码使用)，文件名为要创建的类的名字。比如要创建的类的名称为 test，那么保存的文件名称也要为 test，如图 7-45 所示。

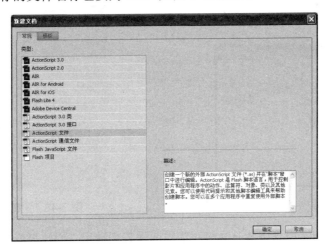

图 7-45　新建 ActionScript 文件

(4) 打开类文件,写入一段代码,作用是新建一个包,然后写一个名为 test 的类,该类继承自 Sprite 类。文档类到底是继承自 Sprite 还是 MovieClip,完全取决于主时间轴文件是 Sprite 还是 MovieClip,效果如图 7-46 所示。

```
Package//文件开头写入package 关键字
{
import flash.display.Sprite;//引入其他的类
public class test extends Sprite//自定义test 类
{
trace("创建类成功!");//类定义的内容
}
}
```

图 7-46　脚本代码

(5) 将"类文件测试"和 test.as 都保存在同一个目录 F:\flashtest 下,如图 7-47 所示,不然文档类找不到位置。

(6) 回到"类文件测试.fla"文件,打开【属性】面板,在类输入框中输入类名 test,不用带后缀.as,如图 7-48 所示。

图 7-47　存储文件

图 7-48　配置类文件

(7) 按 Ctrl+Enter 组合键测试文件,输出面板将会输出"创建类成功"内容,证明文档类顺利执行,并没有依赖于主时间轴。测试效果如图 7-49 所示。

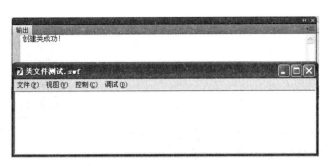

图 7-49 文档测试

任务实践

此任务是基于 ActionScript 3.0 基础上制作的游戏，制作步骤如下。

(1) 设计兔子元件过程。

① 新建一个元件，设置【名称】为 rabbit、【类型】为【影片剪辑】，内容包括一只兔子的两种不同状态，完成的时间轴效果如图 7-50 所示。其中第 1 帧为兔子的静止状态，一直到第 6 帧，在第 7 帧处插入关键帧，内容为兔子被击中的状态。

② 新建"文字"图层，在第 7 帧处插入关键帧，在被击中状态处添加文字"打中了"。

图 7-50 时间轴效果

③ 新建一个图层，名称为 as，在图层的第 1、7 两个关键帧中添加代码 stop();，在第 6 帧中添加代码 gotoAndPlay(2);。3 个不同阶段元件的舞台效果如图 7-51 所示。

图 7-51 舞台三种阶段状态

④ 新建一个元件，设置【名称】为 rabbitrun、【类型】为【影片剪辑】，在这个元件中利用遮罩技术制作一个兔子出现和消失的动画，其中被遮罩层包括元件 rabbit 的一个实例(实例名为 mymm)，第 1 帧兔子全部在遮罩图形的下部(此时这个元件的运行效果是兔子没有出现)。然后在图层上创建传统补间动画，在第 6 帧处插入关键帧，将兔子对象全部移动到遮罩图形里面(此时的效果是兔子全部出现)。

⑤ 当兔子出现以后保持一段时间的静止状态，然后从第 35～40 帧时兔子向下撤回消失的过程。时间轴遮罩前和遮罩后效果如图 7-52 和图 7-53 所示。

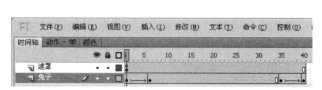

图 7-52 遮罩前效果

图 7-53 遮罩后效果

⑥ 单击遮罩层的第 1 帧，打开【动作】面板，添加下面两行代码：

```
this.mymm.gotoAndStop(1);
this.dispatchEvent(new Event("repeat",true));
```

这两行代码的作用首先让舞台上的兔子实例恢复到它的第 1 帧状态，然后向事件流中广播出去一个类型为 repeat 的事件，当影片捕获到这个事件时，就可以知道有一只兔子出现了。

注意在调用构造函数 Event()时，将第 2 个参数 bubbles 设置为 true(默认为 false)，这个事件对象就会沿着事件流在冒泡阶段被各级父容器捕获。

(2) 设计主场景舞台。

① 在主场景中，添加 4 个图层，分别为"背景""洞口""活动兔"和"文字"图层，在"背景"图层中向舞台导入一幅图片，在"洞口"图层上绘制 4 个椭圆，在"活动兔"图层中放置一个元件 rabbit 的实例(实例名为 myMmrun)，在"文字"图层添加 4 个静态文本和两个动态文本框，用于显示相关数据。完整的舞台效果如图 7-54 所示。

② 实例 myMmrun 初始位于第一个洞口，舞台坐标为(165,158)。影片运行后这个实例要随机地出现在 4 个洞口之中，所以要事先确定实例在其他洞口出现的具体位置。

③ "文字"图层中包括两个动态文本，上面一个用于显示击中兔子的数量，实例名为 okNum；下面一个用于实现总次数，实例名为 repeatNum。

(3) 创建兔子元件 rabbit 绑定的类。

① 在库中选择元件 rabbit，右击，在弹出的快

图 7-54 舞台效果图

捷菜单中选择【属性】命令，在打开的元件属性中，选中【为 ActionScript 导出】复选框，为元件 rabbit 创建一个与元件同名的连接类，如图 7-55 所示。

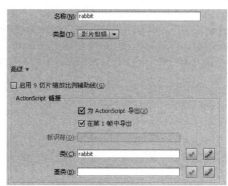

图 7-55　设置元件属性

② 新建一个脚本文件 rabbit.as 并保存到和影片同一个文件夹内。类 rabbit 的主要功能就是侦听类对象上的两个鼠标事件。文件代码如下：

```
package{
    //引入必需的类
    import flash.display.MovieClip;
    import flash.events.MouseEvent;
    //定义 mm 类，对应兔子元件 mm
    public class rabbit extends MovieClip{
        //构造函数，在对象上注册鼠标事件
        public function rabbit(){
            this.addEventListener(MouseEvent.MOUSE_OVER,overMM);
            this.addEventListener(MouseEvent.MOUSE_DOWN,downMM);
        }
        //鼠标移动到对象后，兔子转眼
        private function overMM(e:MouseEvent){
            this.gotoAndPlay(2);
        }
        //鼠标单击后兔子被打中
        private function downMM(e:MouseEvent){
            this.gotoAndStop("end");
        }
    }
}
```

③ 创建兔子出现元件 rabbitrun 绑定的类，按照上述的方法为元件 rabbitrun 创建一个连接，类名为 rabbitrun，然后新建一个脚本文件 rabbitrun.as，并保存到和影片同一个文件夹下。在此类中注册该类对象上的鼠标单击事件，其处理函数向事件流再发出一个类型为 ok 的事件对象，此事件表示兔子已经被击中，同时让与该类绑定的影片剪辑直接运行到第 32 帧的兔子消失过程。此文件代码如下：

```
package{
    //引入必需的类
    import flash.display.MovieClip;
    import flash.events.MouseEvent;
    import flash.events.Event;
    //定义mmrun类,对应兔子出洞元件mmrun
    public class rabbitrun extends MovieClip{
        //构造函数,注册鼠标按下事件侦听
        //其事件对象处在以mm对象为事件目标的事件流的冒泡阶段
        public function rabbitrun(){
            this.addEventListener(MouseEvent.MOUSE_DOWN,downMM);
        }
        //鼠标单击后,被击中的兔子回洞,并发出"ok"事件
        //当事件流在冒泡阶段时,此事件对象会被影片的根root捕获
        private function downMM(e:MouseEvent){
            this.gotoAndPlay(32);
            //发送自定义事件,注意bubbles参数为true,可保证事件流在冒泡阶段流过
              影片的根
            //用于在影片的根处计数
            this.dispatchEvent(new Event("ok",true));
        }
    }
}
```

(4) 回到主场景，单击"文字"图层的第 1 帧，打开【动作】面板并输入代码。代码主要实现两个目的：一是在影片的根上注册事件 ok 和 repeat 的侦听处理函数；二是随机为兔子的出现选择一个洞口。

```
var okNum:uint=1,repeatNum:uint=1;  //定义两个变量,分别用于记录击中数和累计兔子
出洞次数
//定义数组,保存兔子出洞的4个可能位置
var locaArr:Array=[[165,158],[360,158],[165,335],[360,335]];
//在影片的根注册两个自定义事件的侦听,可以捕获到来自myMmrun对象发出的对象事件
this.addEventListener("ok",okHd);
this.addEventListener("repeat",repeatHd);
//捕获到"ok"事件后累加击中数量
function okHd(e:Event){
    this.ok.text=String(okNum++);
}
//捕获到"repeat"事件后累加出洞数量,并随机生成兔子出洞的位置
function repeatHd(e:Event){
    this.repeat.text=String(repeatNum++);
    var i:uint=Math.random()*4;
    myMmrun.x=locaArr[i][0];
    myMmrun.y=locaArr[i][1];
}
```

(5) 按 Ctrl+Enter 组合键测试影片，运行效果如图 7-56 所示。

图 7-56 效果图

上机实训 图片匹配游戏

【实训背景】

网上有很多的拼图游戏，学生在拼图游戏的基础上进行创新设计后，制作出一个枪支认知游戏。

【实训内容和要求】

本次上机实训主要是训练认知能力的一个图片匹配游戏，要求可以完成文字和图片的匹配，整体制作过程中需要设计影片剪辑的动作代码和匹配成功后的成功界面。

【实训步骤】

(1) 打开 Flash CS6 软件，新建一个文档，属性场景颜色为红色，其他采用默认，保存为"枪支识别.fla"。将所需要的素材图片导入到库中。

(2) 将"图层 1"改名称为"背景"，在第 1 帧处插入关键帧，将"国旗.jpg"拖入舞台中，并将图片转换为元件 guoqi。将 tanke.bmp 拖入舞台中，打散后抠出坦克，并将其转换为影片剪辑元件 tanke，效果如图 7-57 所示。在【属性】面板中将其透明度设置为 30%。

图 7-57 坦克抠图前后效果

(3) 选择【窗口】→【公用库】→【按钮】命令，如图 7-58 所示。从按钮中选择 arcade button-yellow 按钮，如图 7-59 所示，并拖动到舞台中，双击按钮，进入内容修改，在上面输入文字"开始"。在舞台中输入文本"枪械类识别系列之步枪"。整体效果如图 7-60 所示。

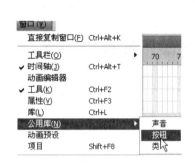

图 7-58　公用库按钮导入　　　图 7-59　选择按钮　　　图 7-60　效果图

（4）选择"背景"图层的第 1 帧，插入关键帧，将舞台中的背景删掉，将图片"中国梦"拖入舞台，设置属性大小为 550×400，居中对齐，并将图片转换为元件，设置其透明度为 30%，在第 3 帧处插入关键帧，并在舞台上输入文字"你太棒了！"，效果如图 7-61 所示。

（5）新建一个图层，名称为"图片"，将 6 张图片全部拖入舞台中，将属性大小设置为 100×100，并全部转换为影片剪辑元件，并分别设置实例名为 a1、a2、a3、a4、a5、a6，并在中间添加一个【确定】按钮。在右侧的图片上输入相应的图片名字，效果如图 7-62 所示。

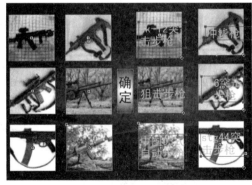

图 7-61　背景第 3 帧效果　　　　　　图 7-62　图片图层效果

（6）新建一个图层，名称为 as，在第 1 帧处插入关键帧，输入动作代码 stop();，在第 2 帧处插入关键帧，输入如下代码：

```
stop();
var a11=0,a22=0,a33=0,a44=0,a55=0,a66=0;
a1._visible=false;
a2._visible=false;
```

```
a3._visible=false;
a4._visible=false;
a5._visible=false;
a6._visible=false;
```

在第 3 帧处插入关键帧，输入代码 stop();。

(7) 选择"背景"图层第 1 帧，选择按钮，右击，在弹出的快捷菜单中选择【动作】命令，添加代码 on (release) {gotoAndPlay(2);}。

(8) 选中左侧的图片 a1，右击，在弹出的快捷菜单中选择【动作】命令，输入代码：

```
onClipEvent (mouseDown) {
if(this.hitTest(_root._xmouse,_root._ymouse,false))
{   this.startDrag(true);
x=this._x;
y=this._y; }
}
onClipEvent (mouseUp) {
if (this.hitTest (_root.a1))
{_root.b1.gotoAndStop(2);_root.a11=1;
}
this._x=x;
this._y=y;
stopDrag();
}
```

(9) 使用同样的方法为 a2、a3、a4、a5、a6 输入代码，代码如下：

```
onClipEvent (mouseDown) {
if(this.hitTest(_root._xmouse,_root._ymouse,false))
{   this.startDrag(true);
x=this._x;
y=this._y; }
}
onClipEvent (mouseUp) {
if (this.hitTest (_root.a4))
{_root.b4.gotoAndStop(2);
_root.a44=1;
}
this._x=x;
this._y=y;
stopDrag();
}
onClipEvent (mouseDown) {
if(this.hitTest(_root._xmouse,_root._ymouse,false))
{   this.startDrag(true);
x=this._x;
y=this._y; }
}
onClipEvent (mouseUp) {
if (this.hitTest (_root.a6))
{_root.b6.gotoAndStop(2);
_root.a66=1;
```

```
}
this._x=x;
this._y=y;
stopDrag();
}
onClipEvent (mouseDown) {
if(this.hitTest(_root._xmouse,_root._ymouse,false))
{    this.startDrag(true);
x=this._x;
y=this._y;   }
}
onClipEvent (mouseUp) {
if (this.hitTest (_root.a2))
{_root.b2.gotoAndStop(2);
_root.a22=1;
}
this._x=x;
this._y=y;
stopDrag();
 }
onClipEvent (mouseDown) {
if(this.hitTest(_root._xmouse,_root._ymouse,false))
{    this.startDrag(true);
x=this._x;
y=this._y;   }
}
onClipEvent (mouseUp) {
if (this.hitTest (_root.a3))
{_root.b3.gotoAndStop(2);
_root.a33=1;
}
this._x=x;
this._y=y;
stopDrag();
}
onClipEvent (mouseDown) {
if(this.hitTest(_root._xmouse,_root._ymouse,false))
{    this.startDrag(true);
x=this._x;
y=this._y;   }
}
onClipEvent (mouseUp) {
if (this.hitTest (_root.a5))
{_root.b5.gotoAndStop(2);
_root.a55=1;
}
this._x=x;
this._y=y;
stopDrag();
}
```

(10) 选择【确定】按钮，输入代码如下：

```
on (release)
{if(a11==1&&a22==1&&a33==1&&a44==1&a55==1&a66==1)gotoAndPlay(3);}
```

(11) 测试影片，时间轴效果和测试效果如图 7-63 所示。

图 7-63 时间轴效果和测试效果

【实训素材】

实例文件存储于"网络资源\源文件\项目七\枪支识别.fla"中。

习　　题

一、选择题

1. 在 ActionScript 3.0 的所有类中，有一个类是其他所有类直接或间接的父类，该类为(　　)。

　　A. Stage 类　　　　　　　　　　B. MovieClip 类
　　C. Event 类　　　　　　　　　　D. Object 类

2. ActionScript 3.0 中类文件的扩展名是(　　)。

　　A. .as　　　　　　　　　　　　B. .css
　　C. .xml　　　　　　　　　　　 D. .as3proj

3. 下面关于类的创建，说法不正确的是(　　)。

　　A. 类必须放在包(package)内，且类必须放在一个包中
　　B. 文件名，类名，类的构造函数名三者必须保持一致，包括大小写
　　C. 类名的第一个字母必须要大写
　　D. 所有的.as 文件都需要在 FLA 文件中使用

4. trace("actionscript"+3.0)的输出结果是(　　)。

　　A. "actionscript"+3.0　　　　　B. actionscript+3.0
　　C. actionscript3.0　　　　　　 D. actionscript3

二、填空题

1. 在 ActionScript 3.0 中，使用_____函数来判断两个影片是否碰撞。
2. 在 ActionScript 3.0 中，使用_____函数来实现影片的拖动。

三、思考题

1. 如何自定义类？
2. 如何创建一个类文件？

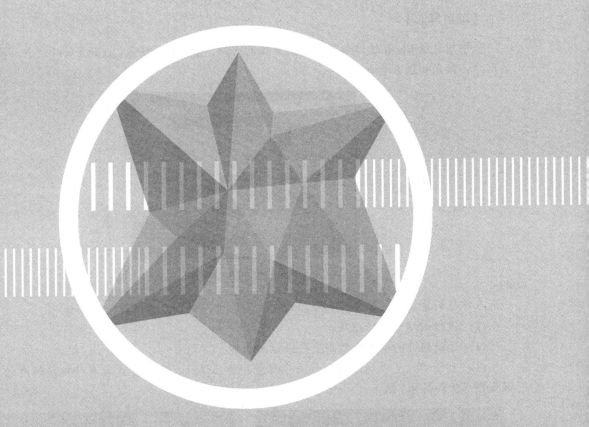

项目八

制作"个人简历"网站

【项目导入】

张宁想通过 Flash 软件制作一个交互性的网站,自己发挥想象,设计了一个"个人简历"的网站,效果如图 8-1 所示。

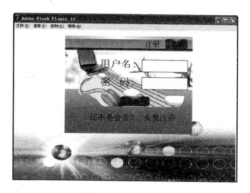

图 8-1 效果图

在搜集好素材后,张宁进行了个人网站的设计与制作。具体制作步骤如下。
(1) 进行网站素材的搜集。
(2) 通过组件的使用制作用户登录注册功能。
(3) 利用制作元件的方式制作关于作者、作品设计、联系方式、友情链接的内容。效果如图 8-2 和图 8-3 所示。

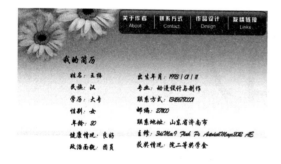 

图 8-2 "关于作者"与"作品设计"界面图

图 8-3 "联系方式"与"友情链接"界面图

(4) 在主场景中将制作好的元件进行组织,合成"个人简历"网站动画。

【项目分析】

本项目主要是在制作网站的过程中，学习 Flash 组件的使用、利用动态文本框实现变量显示效果，学习骨骼动画与 3D 工具的应用，并能利用 ActionScript 代码实现动画的交互组合功能。

【能力目标】

- 能利用组件制作用户的注册与登录功能。
- 能实现组件和 ActionScript 代码的组合。

【知识目标】

- 掌握文本框和动态文本框的使用。
- 掌握骨骼动画的制作。
- 掌握 3D 工具的使用。

任务一 制作网站登录注册界面

知识储备

一、组件概述

组件是带有预定义参数的影片剪辑，通过这些参数，可以个性化地修改组件的外观和行为。使用组件，并对其参数进行简单的设置，再编写简单的脚本，就能完成专业人员才能实现的交互动画。它提供了简单

组件.mp4

的方法，以供用户在动画中重复使用复杂的元素，而无须了解或编辑 ActionScript 代码。实际上就是熟悉 Flash 脚本的程序员在影片剪辑中创建的一个应用程序，然后用一种可重复使用的格式来发布，可以供任何人使用的影片剪辑。

在组件中，基于 ActionScript 2.0 的 Flash CS6 一般提供了 Media 组件、User Interface(UI) 组件、Video 组件。基于 ActionScript 3.0 的 Flash CS6 一般提供了 Flex 组件、User Interface(UI)组件、Video 组件。操作时选择【窗口】→【组件】命令，即可打开【组件】面板，如图 8-4 和图 8-5 所示。下面主要是在 ActionScript 2.0 的基础上进行讲解。

图 8-4 ActionScript 2.0【组件】面板

图 8-5 ActionScript 3.0【组件】面板

其中 User Interface 组件和 Video 组件的具体功能及含义如下。

- User Interface 组件：即 UI 组件，用于设置用户界面，并通过界面使用户与应用程序进行交互操作。包括编程语言所用到的常用控件，即按钮、单选按钮、复选框、标签、列表框等组件。
- Video 组件：主要用于对播放器中的播放状态和播放进度等属性进行交互操作。

二、组件的使用

Flash CS6 在【组件】面板中存储和管理组件。组件的使用步骤如下。

（1）添加和设置组件。

方法 1：双击【组件】面板中的某个组件，它就会出现在舞台的中央。

方法 2：在【组件】面板中将其选中，按住鼠标左键将其拖到舞台适当的地方即可。当组件实例拖曳到场景后，选择【窗口】→【属性】命令打开组件【属性】面板，在其中可以设置和查看该实例的参数信息，如图 8-6 所示。

（2）在舞台上选择该组件。

（3）在【属性】面板中输入组件实例的名称，或者展开【组件参数】卷展栏，并在【组件】文本框中输入组件实例的名称。

图 8-6　组件属性

（4）展开【组件参数】卷展栏，然后为实例指定参数。

三、用户界面组件

在 Flash CS6 中，用户界面包括很多组件，下面分别讲解常用组件的属性、方法以及应用。

1. 按钮(Button)组件的使用

Button 组件表示常用的圆角矩形按钮，是任何表单成为 Web 应用程序的一个基础部分。每当需要让用户启动一个事件时，都可以使用按钮。组件通常与事件处理函数关联，该函数将侦听 click 事件，并在 click 事件被调度后执行指定的任务。当用户单击启用该按钮时，该按钮将调度 click 和 buttonDown 事件。即使按钮尚未启用，它也可以调度其他事件，包括 mouseMove、mouseOver、mouseOut、rollOver、rollOut、mouseDown 和 mouseUp。Button 组件参数的设置如图 8-7 所示。

在此面板中，常用参数的含义如下。

（1）icon：为按钮添加自定义图标。该值是库中影片剪辑或图形元件的链接标识符，没有默认值。为按钮自定义图标的方法是先创建用来作为图标的影片剪辑或图形元件，如"aa"影片剪辑，在【库】面板中右击该元件，在弹出的快捷菜单中选择【属性】命令，在【链接标识】对话框中选中【为 ActionScript 导出】复选框，然后在文本框中输入该元件的链接标识 bb。最后在按钮参数 icon 中输入该链接标识 bb，如图 8-8 所示。

（2）label：设置按钮上显示的标签文本，默认值是 Button。

（3）labelPlacement：确定按钮上的标签文本相对于图标的方向。此参数可以是以下 4

个值之一：left、right、top 或 bottom，默认值为 right。

图 8-7　Button 组件参数　　　　　　　　图 8-8　icon 属性

(4) selected：该参数用来指定该按钮是按下状态还是释放状态。如果 toggle 参数值为 true，则表示是按下状态。

(5) toggle：用来确定是否将按钮转变为切换开关。如果值为 true，则按钮在单击后保持按下状态，并在再次单击时返回到弹起状态；如果值为 false，则按钮行为与一般按钮相同。默认值为 false。

2．单选按钮(RadioButton)组件的使用

使用 RadioButton 组件可以强制用户只能从一组选项中选择一项。该组件必须用于至少有两个 RadioButton 实例的组中。在任何给定的时刻，都只有一个成员被选中。选中组中的一个单选按钮，将取消选中组内当前选定的单选按钮。可以设置 groupName 参数，以指示单选按钮属于哪个组。当用户单击或使用 Tab 键切换到 RadioButton 组件时，只有选中的单选按钮才会获得焦点。RadioButton 参数的设置如图 8-9 所示。

在此面板中，各参数含义如下。

(1) data：它是与单选按钮相关的值，没有默认值。

(2) groupName：它是单选按钮的组名称，同一组内的单选按钮只能有一个单选按钮可被选中，默认值为 radioGroup。

(3) label：设置单选按钮旁的文本标签，默认值为 RadioButton。

(4) labelPlacement：确定单选按钮后面文本标签的方向，默认值为 right(从右到左)。单击 right 可展开下拉列表，显示出 right(从右到左)、left(从左到右)、top(标签在按钮顶上)、bottom(标签在按钮下面)4 项供用户选择。

(5) selected：指示单选按钮初始是处于选中状态(true)还是取消选中状态(false)，默认值为 false，注意同一组内的单选按钮只能有一个被选中。

3．复选框(CheckBox)组件的使用

CheckBox 组件就是复选框组件，使用该组件可以在表单上建立复选框按钮，通过多次

拖曳该组件创建一个复选框组合，可以供用户选择多个选项。当它被选中后，框中会出现一个复选标记。可以为复选框添加一个文本标签，并可以将它放在左侧、右侧、顶部或底部。CheckBox 组件可以通过响应鼠标单击来更改其状态，或者从选中状态变为取消选中状态，或者从取消选中状态变为选中状态。CheckBox 组件包含一组非相互排斥的 true 或 false 值。CheckBox 参数设置如图 8-10 所示。

图 8-9　RadioButton 组件参数

图 8-10　CheckBox 组件参数

在此面板中，各参数含义如下。

(1) label：复选框右侧显示的标签文本。

(2) labelPlacement：确定复选框右侧文本的方向，默认值为 right。单击 right 可展开下拉列表，显示出 right、left、top、bottom 这 4 项供用户选择。

(3) selected：指示复选框初始时是处于选中状态(true)还是取消选中状态(false)，默认值为 false。

4．下拉列表(ComboBox)组件的使用

ComboBox 组件就是下拉列表框组件。使用该组件可以添加列表的数据实现下拉列表的功能。例如可以在省份地址表单中提供一个"省"的下拉列表。ComboBox 组件的属性如图 8-11 所示。

在此面板中，各参数含义如下。

(1) data：可以在该选项中输入数据，用以对应 labels 参数中的实际数据值。主要在提取数据时使用。

(2) editable：该值用于决定访问者是否可以在下拉列表框中输入文本。true 表示可输入；false 表示不可输入，默认值为 false。

(3) labels：用来输入下拉列表框的显示内容。如图 8-12 所示为设置下拉列表的值，双击 defaultValue 可以添加列表数据，主要显示下拉列表数据。

(4) rowCount：设置在不使用滚动条时，列表框中可显示的最大行数。如果下拉列表框中的项数超过该值，则会调整列表框的大小，并在必要时显示滚动条。如果下拉列表框中的项数小于该值，则会调整下拉列表框的大小以适应其所包含的项数，默认值为 5。

5．文本域(TextArea)组件的使用

在需要多行文本字段的任何地方都可使用 TextArea 组件。例如，可以在表单中使用

TextArea 组件作为注释字段。它是一个带有边框的组件，当输入的文本超过边框时，系统会自动添加滚动条。TextArea 参数设置如图 8-13 所示。

图 8-11　Combobox 组件属性

图 8-12　添加数据

在此面板中，各参数含义如下。

（1）editable：设置一个布尔值，指示用户能否编辑组件中的文本。true 值指示用户可以编辑组件所包含的文本；false 值指示用户不能编辑组件所包含的文本。默认值为 true。

（2）html：指示文本是否采用 HTML 格式。如果 html 设置为 true，则可以使用字体标签来设置文本格式。默认值为 false。

（3）text：指示 TextArea 组件的内容。用户无法在"属性"检查器或"组件"检查器中输入回车，默认值为 " "(空值)。

（4）wordWrap：设置一个布尔值，指示文本是否在行末换行。true 值指示文本换行；false 值指示文本不换行，默认值为 true。

图 8-13　TextArea 组件属性

6. 组件检查器

Flash 还新提供了一个【组件检查器】面板，用户可通过选择【窗口】→【组件检查器】命令打开该面板。当将一个组件实例拖放到场景中后，在【组件检查器】面板中即可设置和查看该实例的信息。

任务实践

利用组件进行创建用户登录界面的操作步骤如下。

（1）新建 Flash 文档，并保存为"网站.fla"。

（2）制作登录、注册所需要的按钮。

① 新建一个元件，设置【名称】为"登录"、【类型】为【按钮】，如图 8-14 所示。单击【确定】按钮，进入元件编辑区。

网站制作 1-登录注册的制作.mp4

② 在"图层 1"的弹起帧中,利用【基本矩形工具】绘制一个基本矩形,如图 8-15 所示,设置填充颜色为渐变色,并利用【选择工具】调整矩形的边角半径,效果如图 8-16 所示。

③ 利用【渐变变形工具】调整渐变色直至合适的位置和色彩,效果如图 8-17 所示。

图 8-14 创建"登录"按钮　　　　　　　　图 8-15 选择【基本矩形工具】

图 8-16 绘制圆角矩形

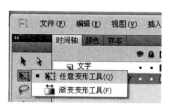

图 8-17 调整色彩

④ 新建图层,设置名称为"文字",在弹起帧中输入"登录",效果如图 8-18 所示。

图 8-18 制作按钮

⑤ 用相同的方法制作"注册""返回"按钮。

⑥ 用直接复制的方法,制作只有文字的"登录""免费注册""注册"按钮,如

图 8-19 所示。

登录　免费注册　注册

图 8-19　制作文字按钮

(3) 制作登录界面。

① 将场景中的"图层 1"改名为"登录注册",在第 1 帧处插入关键帧,将库中的"界面"元件拖入编辑区。

② 在界面图形上,利用【文本工具】选择合适的位置,输入静态文字"用户名:"和"密码:",如图 8-20 所示。利用"输入文本"属性在"用户名:"和"密码:"后面绘制输入框,如图 8-21 所示。

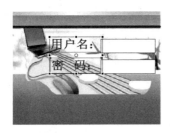 

图 8-20　输入静态文本

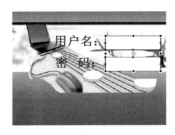 

图 8-21　绘制输入框

提示: 在输入文本框的属性设置中,字符属性中的【消除锯齿】选项应为【使用设备字体】,【行为】应为【单行】,如图 8-22 所示。

图 8-22　设置属性

③ 将各个注册和登录按钮按照如图 8-23 所示的效果放到合适的位置。
④ 登录页面的效果如图 8-24 所示。

图 8-23　设置界面效果

(4) 制作注册界面。

① 在"登录注册"图层中,在第 2 帧处插入关键帧,将库中的"界面"元件拖入编辑区。

② 在界面图形上,利用【椭圆工具】绘制一个圆,打散后去掉上面和下面多余的图形。

③ 利用【文本工具】输入静态文本"姓名""籍贯""爱好""座右铭"。整体效果如图 8-25 所示。

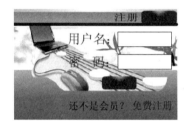　　　　

图 8-24　登录页面效果　　　　图 8-25　注册界面效果

④ 选择【窗口】→【组件】命令,打开【组件】面板,如图 8-26 所示。

图 8-26　打开【组件】面板

⑤ 在"姓名"后面利用输入文本绘制输入区域,并将属性中实例名改为 xm。

⑥ 将【组件】面板中的 ComboBox 拖动到"籍贯"文字后面的区域,如图 8-27 所示。并在其组件属性中单击 data 和 labels 设置籍贯数据,单击加号"+",添加"山东""北京""上海""山西"4 个省份,如图 8-28 所示。并将实例名改为 jg,如图 8-29 所示。

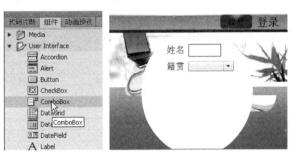

图 8-27 设置注册界面

图 8-28 添加省份数据

图 8-29 设置实例名

⑦ 将【组件】面板中的 CheckBox 拖动到"爱好"文字后面的区域,将出现一个复选框,如图 8-30 所示。单击复选框,在其组件属性中,将 label 数据改为"游泳",实例名为 aihao1。用同样的方法制作另一个复选框,内容为"看书",实例名为 aihao2,如图 8-31 和图 8-32 所示。

 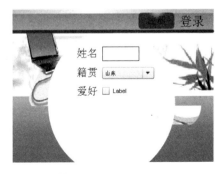

图 8-30 制作复选框

图 8-31 制作"爱好"1 复选框

图 8-32 制作"爱好"2 复选框

⑧ 在"座右铭"文字的后面利用输入文本绘制输入区域,并将属性中实例名改为 zym,如图 8-33 所示。

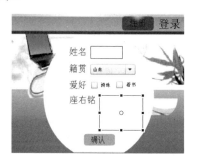

图 8-33 制作"座右铭"文本

⑨ 制作完成后的注册效果如图 8-34 所示。

(5) 制作登录成功界面。在"登录注册"图层的第 3 帧插入关键帧,在此帧中删掉本图层内容,利用文本工具输入静态文本"登录成功",并将"返回"按钮放置到静态文本的下方,水平居中。

(6) 制作登录失败页面。

① 利用【文本工具】输入静态文本"对不起,你输入的用户名或密码不正确,请重新输入!",并设置为水平居中。

② 将"返回"按钮放置到静态文本的下方,并水平居中,效果如图 8-35 所示。

图 8-34　注册界面的效果　　　　　　图 8-35　登录失败页面

(7) 制作注册成功界面。

① 在"登录注册"图层中,在第 5 帧处插入关键帧,在元件区域中用【文本工具】绘制一个 244×296 的动态文本框,并为文本框的四边用【矩形工具】绘制一个 250×300 的矩形框,正好放在动态文本框的四周,设置笔触颜色为#660033,填充颜色为透明,笔触为 6.75,样式为虚线,如图 8-36 所示。

图 8-36　制作文本框

② 选择动态文本框,设置其实例名为 dt,如图 8-37 所示。

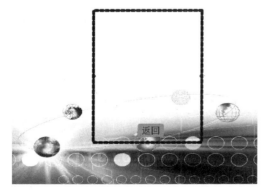

图 8-37　设置实例名

(8) 为界面中的按钮设置动作。

① 为登录界面中的"注册""登录""免费注册"按钮添加代码，分别为：

```
on (release) {gotoAndStop(2);}      // "注册"按钮的动作代码
on (release) {gotoAndStop(1);}      // "登录"按钮的动作代码
on (release) {gotoAndStop(2); }     // "免费注册"按钮的动作代码
```

② 为注册界面的"注册""登录""确认"按钮添加代码，分别为：

```
on (release) {gotoAndStop(2);}      // "注册"按钮的动作代码
on (release) {gotoAndStop(1);}      // "登录"按钮的动作代码
on (release)  // "确认"按钮的动作代码
{
var ah1:String="";
var ah2:String="";
if(Object(root).aihao1.selected==true)
    {ah1="游泳"; }
else
        {ah1=""; }
if(Object(this).aihao2.selected==true)
        {ah2="看书"; }
else
        {ah2="";}
jieguo="\r    你好，感谢你 注册成功"+"\r         你的注册信息为: "+"\r  姓名：
"+Object(this).xm.text+"\r 籍贯: "+Object(this).jg.text+"\r 爱好: "
 +ah1+ah2+"\r 座右铭: "+Object(this).zym.text+"\r\r       请返回登录";
 gotoAndStop(5);
    }
```

(9) 按 Ctrl+Enter 组合键测试，效果截图如图 8-38 所示。

图 8-38 效果截图

任务二　制作我的作品动画

知识储备

一、骨骼工具的使用

在 Flash CS6 中，可以利用【骨骼工具】来制作流畅的动作，但必须是在 ActionScript 3.0 下进行操作。

骨骼工具.mp4

1. 骨骼动画

在 Flash 中，创建骨骼动画一般有两种方式。一种方式是为实例添加与其他实例相连接的骨骼，并使用关节连接这些骨骼。骨骼允许实例链在一起运动。另一种方式是在形状对象(即各种矢量图形对象)的内部添加骨骼，通过骨骼来移动形状的各个部分以实现动画效果。这样操作的优势在于无须绘制运动中该形状的不同状态，也无须使用补间形状来创建动画。

2. 定义骨骼

Flash CS6 提供了一个【骨骼工具】，使用该工具可以向影片剪辑元件实例、图形元件实例或按钮元件实例添加一个骨骼。在工具箱中选择【骨骼工具】，在一个对象中单击，向另一个对象拖动鼠标，释放鼠标后就可以创建两个对象间的连接。此时，两个元件实例间将显示出创建的骨骼。在创建骨骼时，第一个骨骼是父级骨骼，骨骼的头部为圆形端点，有一个圆圈围绕着头部。骨骼的尾部为尖形，有一个实心点，如图 8-39 所示。然后从父级骨骼出发进行骨骼对象连接，如图 8-40 所示。

图 8-39　骨骼头部与尾部　　　　　图 8-40　设置对象连接点

3. 选择骨骼

在创建骨骼后，可以使用多种方法来对骨骼进行编辑。要对骨骼进行编辑，首先需要选择骨骼。在工具箱中选择【选择工具】，单击骨骼即可选择该骨骼。在默认情况下，骨骼显示的颜色与姿势图层的轮廓颜色相同，骨骼被选择后，将显示该颜色的相反色，如图 8-41 所示。

如果需要快速选择相邻的骨骼，可以在选择骨骼后，在【属性】面板中单击相应的按钮来进行选择。如单击【父级】按钮将选择当前骨骼的父级骨骼，单击【子级】按钮将选择当前骨骼的子级骨骼，单击【下一个同级】按钮或【上一个同级】按钮可以选择同级的骨骼。

4. 删除骨骼

在创建骨骼后，如果需要删除单个的骨骼及其下属的子骨骼，只需要选择该骨骼后按 Delete 键即可。如果需要删除所有的骨骼，可以右击姿势图层，在弹出的快捷菜单中选择【删除骨骼】命令。此时实例将恢复到添加骨骼之前的状态，如图 8-42 所示。

5. 创建骨骼动画

在为对象添加了骨架后，即可以创建骨骼动画了。在制作骨骼动画时，可以在开始关键帧中制作对象的初始姿势，在后面的关键帧中制作对象不同的姿态，Flash 会根据反向运动学的原理计算出连接点间的位置和角度，创建从初始姿态到下一个姿态转变的动画效果。

图 8-41 选择骨骼　　　　　　　　图 8-42 删除骨骼

在完成对象初始姿势的制作后，在【时间轴】面板中右击动画需要延伸到的帧，在弹出的快捷菜单中选择【插入姿势】命令。在该帧中选择骨骼，调整骨骼的位置或旋转角度。此时 Flash 将在该帧创建关键帧，按 Ctrl+Enter 组合键测试动画即可看到创建的骨骼动画效果，如图 8-43 所示。

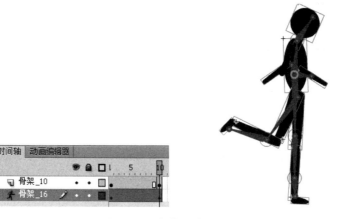

图 8-43 制作骨骼动画

二、3D 动画

1. 平移实例

在 Flash 的 3D 动画制作过程中，平移指的是在 3D 空间中移动一个对象，使用【3D 平移工具】能够在 3D 空间中移动影片剪辑的位置，使得影片剪辑获得与观察者的距离感。在工具箱中选择【3D 平移工具】，在舞台上选择影片剪辑实例。此时在实例的中间将显示出

X 轴、Y 轴和 Z 轴，其中 X 轴为红色，Y 轴为绿色，Z 轴为黑色的圆点，拖动 Z 轴箭头即可缩放实例，使用鼠标拖动 X 轴或 Y 轴的箭头，即可将实例在水平或垂直方向上移动。平移后效果如图 8-44 所示。

2．旋转实例

使用 Flash 的【3D 旋转工具】可以在 3D 空间中对影片剪辑实例进行旋转，旋转实例可以获得其与观察者之间形成一定角度的效果。

图 8-44　平移实例

在工具箱中选择【3D 旋转工具】，单击舞台上的影片剪辑实例，在实例的 X 轴上左右拖动鼠标，将使实例沿着 Y 轴旋转，在 Y 轴上上下拖动鼠标，将能够使实例沿着 X 轴旋转。拖动橙色的色圈可沿 X、Y 轴旋转，拖动蓝色的色圈可沿 Z 轴旋转，旋转效果如图 8-45 所示。

图 8-45　旋转实例

3．透视角度和消失点

在观看物体时，视觉上常常有这样的经验，那就是相同大小的物体，较近的比较大，较远的比较小，两条互相平行的直线会最终消失在无穷远处的某个点，这个点就是消失点。人在观察物体时，视线的出发点称为视点，视点与观察物体之间会形成一个透视角度，透视角度的不同会产生不同的视觉效果。在 Flash 中，用户可以通过调整实例的透视角度和消失点位置来获得更为真实的视觉效果。

1）　调整透视角度

在舞台上选择一个 3D 实例，在【属性】面板的【3D 定位和查看】卷展栏中可以设置该实例的透视角度，如图 8-46 所示。

2) 调整消失点

3D 实例的"消失点"属性可以控制其在 Z 轴的方向，调整该值将使实例的 Z 轴朝着消失点方向后退。通过重新设置消失点的方向，能够更改沿着 Z 轴平移的实例的移动方向，同时也可以实现精确控制舞台上的 3D 实例的外观和动画效果。

3D 实例的消失点默认位置是舞台中心，如果需要调整其位置，可以在【属性】面板的【3D 定位和查看】卷展栏中进行设置，如图 8-47 所示。

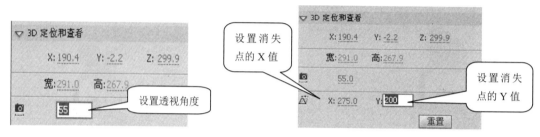

图 8-46　调整透视角度　　　　　　　图 8-47　调整消失点

三、函数的使用

1. 随机函数的使用

Random()函数在 Flash 里是非常有用的，可以生成基本的随机数、创建随机的移动、设置随机的颜色，以及控制对象随机的变换和其他更多的作用。

随机函数、复制函数.mp4

随机函数有两种引用格式：random(number)和 Math.random()。

1) random(number)函数介绍

random(number)返回一个 0～number-1 的随机整数，参数 number 代表一个整数。

例如，random(20)的作用是产生一个 0～19 的随机整数并输出该数。

> 提示：要测试随机函数 random(20)的值，可以新建一个文档，将语句 trace(random(20));复制到时间轴上的第 1 帧，然后在第 2 帧插入关键帧，并在【动作】面板中输入语句 gotoAndPlay(1);，然后测试影片就可看到结果。

2) Math.random()

Math.random()产生出 0～1 有 14 位精度以上的任意小数，注意没有参数。例如 0.01059013745309 或 0.87252500554198。

3) 随机函数实例

建立只有一个小圆的影片剪辑，然后将该影片剪辑拖至场景中，在该影片剪辑的【动作】面板中输入下列代码，则小球做随机运动。

```
onClipEvent(EnterFrame){
this._x=500-random(500);    //设置 x 坐标在 1～500 随机变化
this._y=500-random(500);    //设置 y 坐标在 1～500 随机变化
}
```

> **提示：** onClipEvent(EnterFrame)为影片剪辑的事件处理器，EnterFrame 表示的含义是"播放影片剪辑所在帧时触发本事件"，即执行{}内的语句。

2. 复制影片剪辑函数(duplicateMovieClip)的使用

1) 函数格式与功能

格式如图 8-48 所示。

```
duplicateMovieClip(目标,新名称=" ",深度);
```

图 8-48 复制函数格式

各参数含义如下。

目标：表示要复制的影片剪辑实例名称的路径。

新名称：表示已复制的影片剪辑的唯一标志符。

深度：表示已复制的影片剪辑的唯一深度级别。深度级别是复制的影片剪辑的堆叠顺序。必须为每个复制的影片剪辑分配一个唯一的深度级别。如果在同一深度级别中添加的影片剪辑实例多于一个，则新影片剪辑实例将替换掉旧的影片剪辑实例。

从复制函数的语法中可以看出，必须在复制函数中输入 3 个参数。而输出的结果是在 Flash 中本来只有一个影片剪辑，复制函数调用后，就有两个影片剪辑，这时可以通过影片剪辑的实例名来对它们进行操作。

2) 复制一个影片剪辑的操作方法

(1) 先建立一个影片剪辑，在【属性】面板中将实例命名为 mc。

(2) 在第 1 帧的【动作】面板中输入代码：

```
duplicateMovieClip("mc","mc1","1");
```

需要注意的是，两次复制的深度必须不同，否则同深度的影片剪辑会覆盖前一个。

3) 复制多个影片剪辑的操作方法

如果要复制多个影片剪辑，可用循环语句来实现动态实例名。假如要复制 10 个影片剪辑实例，实例名设置为 mc1，mc2，…，mc10，可以用"mc"+i 的语法来对影片剪辑动态命名，其中 i 是变量，从 1，2，…，10。

在 Flash 中可用 for 循环语句写出如下代码。

```
for(var i=1;i<=10;i++){
duplicateMovieClip("mc","mc"+i,i);
this["mc"+i]._x=10*i;
}
```

需要注意的是，多次复制的深度必须不同，否则同深度的影片剪辑会覆盖前一个。

4) 设置属性

(1) _x 和_y 属性。用来设置影片剪辑的 x 轴和 y 轴坐标。在 Flash 的舞台中，坐标原点在舞台的左上角，其坐标位置为(0,0)。水平向右为正、向左为负，垂直向下为正、向上为负。Flash 默认的舞台大小为 550×400 像素，因此舞台右下角的坐标为(550,400)，它表示距坐标原点的水平距离为 550、垂直距离为 400。

(2) _width 和 _height 属性。用来设置影片剪辑的宽度和高度,从而改变影片剪辑的大小。例如,单击影片剪辑时,高度与宽度均大一倍,在【动作】面板中其设置如下。

```
on(release){
_width=_width*2;
_height=_height*2;
}
```

(3) _xscale 和_yscale 属性。用来设置影片剪辑在 x 轴和 y 轴上的缩放比例,正常值是 100。当_xscale 和_yscale 的取值大于 100 时,表示将放大原影片剪辑;当它们的取值小于 100 大于 0 时,表示缩小原影片剪辑;当取值为负时,将在缩放的基础上水平或垂直翻转影片剪辑。

注意: _xscale 和_yscale 代表影片剪辑实例相对于【库】面板中的影片剪辑元件的横向尺寸 width 和纵向尺寸 height 的百分比,与影片剪辑实例的实际尺寸无关。例如,影片剪辑元件的横向宽度为 150,将其拖动到舞台上作为实例时宽度被改为了 100。如果在脚本语句中将其属性_xscale 设置为 10,那么在播放动画时影片剪辑实例的横向宽度将是 150 的 10%,即 15,而不是 100 的 10%。不要把影片剪辑的高度与垂直缩放比例混淆,也不要把影片剪辑的宽度与水平缩放比例混为一谈。例如:MC._width=50 表示把 MC 的宽设置为 50 像素;MC._xscale=50 表示把 MC 的水平宽度设置为【库】面板中原元件水平宽度的 50%。

(4) _xmouse 和_ymouse 属性。_xmouse 和_ymouse 属性给出了鼠标光标的水平和垂直坐标位置。用在主时间轴中,则它们表示鼠标光标相对于主场景的坐标位置;如果这两个属性用在影片剪辑中,则它们表示鼠标光标相对于该影片剪辑的坐标位置。_xmouse 和_ymouse 属性都是从对象的坐标原点开始计算的,即在主时间轴中代表光标与左上角之间的距离;在影片剪辑中代表光标与影片剪辑中心之间的距离。如果要明确表示鼠标光标在舞台中的位置,可以使用_root._xmouse 和_root._ymouse 语句。

例如,可以使用下面的代码让影片剪辑保持与鼠标光标位置相同的坐标值。

```
onClipEvent(enterFrame)
{ _x=_root._xmouse;
_y=_root._ymouse;
}
```

提示: Flash 不能获得超出影片播放边界的鼠标位置。这里的边界并不是指影片中设置的场景大小。如将场景大小设置为 550×400 像素,则在正常播放时获得的鼠标位置,即在(0,0)~(550,400)之间;如果要缩放播放窗口,则要根据当前播放窗口的大小而定;如果要进行全屏播放,则与显示器的像素尺寸有关。

(5) _alpha 属性。用来控制影片剪辑的透明度。有效值为 0(完全透明)~100(完全不透明),默认值为 100。

可以通过对影片剪辑的_alpha 属性在 0~100 变化的控制,制作出或明或暗或模糊的效果。

例如，要将影片剪辑 snow 的透明度设为 20%，设置语句是：snow._alpha=20;。

(6) _rotation 属性。影片剪辑的旋转角度(以度为单位)，取值范围为-180°～180°。从 0～180°的值表示顺时针旋转，从 0～-180°的值表示逆时针旋转。不属于上述范围的值将与 360°相加或相减以得到该范围内的值。例如，语句 my_mc._rotation=450 与 my_mc._rotation=90 相同。特别注意的是，这个旋转角度都是相对于原始角度而言的。

(7) _visible 属性。确定影片剪辑的可见性，当影片剪辑_visible 的值是 true (或者为 1)时，影片剪辑为可见；当影片剪辑_visible 的值是 false(或者为 0)时，影片剪辑为不可见，这时影片剪辑将从舞台上消失，在它上面设置的动作也变得无效。

任务实践

本任务主要是进行网站中关于作品的设计与制作，通过瀑布效果、火柴人和立方体效果 3 个作品来完成本任务，效果如图 8-49 所示。具体操作步骤如下。

图 8-49 任务效果展示

(1) 制作动态瀑布效果。

① 打开 Flash CS6 软件，新建一个 Flash 文档，属性设置保持默认，保存为"瀑布.fla"。

② 导入瀑布图片。

选择【文件】→【导入】→【导入到库】命令，在打开的【导入到库】对话框中选择瀑布图片路径，将"瀑布.jpg"导入到【库】面板中。

瀑布.mp4

③ 选择【插入】→【新建元件】命令，在打开的【创建新元件】对话框中选择图形，设置【名称】为"长方条"，在其中用【矩形工具】绘制一个宽 400、高 7 的长方形，填充颜色和笔触颜色保持默认即可。

④ 选择【插入】→【新建元件】命令，在打开的【创建新元件】对话框中选择影片剪辑，设置【名称】为"百叶窗"，将长方条元件拖入工作区，并相对于舞台水平垂直方向都居中。按 Ctrl+D 组合键复制 40 次，效果如图 8-50 所示。

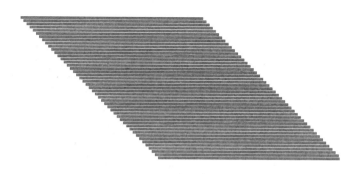

图 8-50 复制长方条效果

⑤ 将百叶窗元件全部选中，选择【窗口】→【对齐】命令，在打开的【对齐】面板中选择水平中齐，效果如图 8-51 所示。

⑥ 选择【插入】→【新建元件】命令，在打开的【创建新元件】对话框中选择影片剪辑，设置【名称】为"水流"，在第一层的第 1 帧中插入关键帧，将瀑布图片拖进舞台，右击，在弹出的快捷菜单中选择【分离】命令，将图片打散，再利用【套索工具】将"水"的部分选取出来，其他的删除，如图 8-52 所示。

图 8-51 对齐后的效果　　　　　　　　图 8-52 勾勒"水流"

⑦ 插入"图层 2"，在第 1 帧中将百叶窗拖进舞台，在第 20 帧处插入关键帧，将百叶窗元件调整位置，在第 1~20 帧任意位置右击，创建传统补间动画。

⑧ 选择"图层 2"，右击，在弹出的快捷菜单中选择【遮罩层】命令，效果如图 8-53 所示。

⑨ 单击场景，将导入到库中的瀑布图片拖到第 1 帧中，插入一个新的图层，在第 1 帧中插入关键帧，将水流影片剪辑拖入，调整水流和瀑布图片的位置，使之对齐，效果如图 8-54 所示。

⑩ 选择【文件】→【导出】→【导出影片】命令，在打开的【导出影片】对话框中设置【名称】为"瀑布效果.swf"，路径在和源文件相同的文件夹下面，效果如图 8-55 所示。

(2) 制作火柴人跳舞。

① 新建一个 Flash 文档，设置【类型】为 ActionScript 3.0，其他采

火柴人.mp4

用默认设置，保存为"火柴人"。

图 8-53 遮罩后的"水流"效果

图 8-54 对齐后的"水流"效果

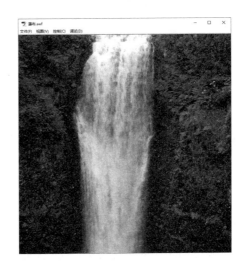

图 8-55 导出影片效果

② 新建一个元件，设置【名称】为"头"、【类型】为【影片剪辑】，利用【椭圆工具】绘制一个圆形。

③ 新建一个元件，设置【名称】为"身躯"、【类型】为【影片剪辑】，利用【基本矩形工具】绘制一个圆角矩形。

④ 新建一个元件，设置【名称】为"四肢"、【类型】为【影片剪辑】，利用【基本矩形工具】绘制一个圆角矩形。

⑤ 利用建立的各个元件，按照图 8-56 所示组合成火柴人形象，必须保证每个连接的关节都为元件。

⑥ 选择工具箱中的【骨骼工具】，利用【骨骼工具】将各个部位的中心点连在一起,中心点可以通过【任意变形工具】进行调整，效果如图 8-57 所示。

图 8-56 制作"火柴人"

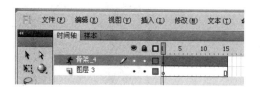

图 8-57　骨骼制作

⑦ 在"骨架_4"图层上,单击第 5 帧,右击,在弹出的快捷菜单中选择【插入姿势】命令,如图 8-58 所示。然后利用【选择工具】和【任意变形工具】对各个部位进行调整,使之出现动作效果,如图 8-59 所示。

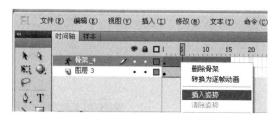

图 8-58　选择【插入姿势】命令

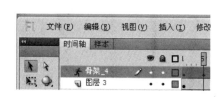

图 8-59　插入姿势效果(1)

⑧ 用同样的方法在第 10、15 帧处插入姿势,并调整各部分的位置使之能实现动画效果。设置效果截图如图 8-60 和图 8-61 所示。

图 8-60　插入姿势效果(2)

图 8-61　插入姿势效果(3)

⑨ 选择【文件】→【导出】→【导出影片】命令，在打开的【导出影片】对话框中设置【名称】为"火柴人.swf"，路径在和源文件相同的文件夹下面，效果如图 8-62 所示。

图 8-62 "火柴人"效果

(3) 制作 3D 效果的立方体。

① 新建一个 Flash 文档，设置【类型】为 ActionScript 3.0，其他保持默认设置，保存为"立方体"。

② 选择【文件】→【导入】→【导入到库】命令，打开【导入到库】对话框，选中其中的 6 张图片导入到库，如图 8-63 所示。

③ 新建一个元件，设置【名称】为"立方体"、【类型】为【影片剪辑】，单击【确定】按钮进入元件编辑区。

立方体制作.mp4

④ 将库中的 6 张图片分别拖入舞台，并分别在【属性】面板中设置其大小为 100×100，使之不覆盖即可，如图 8-64 所示。

⑤ 分别选中每一张图片，右击，在弹出的快捷菜单中选择【转换为元件】命令，将其转换为元件，【名称】分别设置为 tu1、tu2、tu3、tu4、tu5、tu6，【类型】设置为【影片剪辑】。

图 8-63 【导入到库】对话框

图 8-64 将图片拖入舞台中

> 提示： 3D效果针对的是影片剪辑元件。

⑥ 选中所有元件，右击，在弹出的快捷菜单中选择【分散到图层】命令，使每一个图片元件都分别在一个图层上。图层时间轴效果如图 8-65 所示。

图 8-65 时间轴效果

⑦ 单击 tu1 图层，选中 tu1 元件，在【属性】面板的【3D 定位和查看】卷展栏中，将坐标设置为(0,0,-50)，将其透视角度设为 1，将其透明度设为 60%，如图 8-66 所示。

⑧ 选中 tu2 元件，在【属性】面板的【3D 定位和查看】卷展栏中，将坐标设置为(0,0,50)，透视角度和透明度设置同上。

⑨ 选中 tu3 元件，在【属性】面板的【3D 定位和查看】卷展栏中，将坐标设置为(50,0,0)，透视角度和透明度设置同上。选择【窗口】→【变形】命令，打开【变形】面板，将 tu3 元件在 Y 方向旋转 90°，如图 8-67 所示。

⑩ 用同样的方法将 tu4 元件在其【属性】面板的【3D 定位和查看】卷展栏中的坐标设置为(-50,0,0)，Y 方向旋转 90°；将 tu5 元件在其【属性】面板中的坐标设置为(0,50,0)，X 方向旋转 90°；将 tu6 元件在其【属性】面板中的坐标设置为(0,-50,0)，在 X 方向旋转 90°，效果如图 8-68 所示。

⑪ 将"立方体"拖入舞台中，看到的是一个平面效果，想把它变成立体效果动画，需要进行下面的设置。

图 8-66 设置 3D 属性

图 8-67 设置 3D 旋转

图 8-68 效果图

a. 在场景的第 1 帧上右击，在弹出的快捷菜单中选择【创建补间动画】命令，再次右击，在弹出的快捷菜单中选择【3D 补间】命令，如图 8-69 和图 8-70 所示。

图 8-69 选择【创建补间动画】命令

图 8-70 选择【3D 补间】命令

b. 选择【窗口】→【动画编辑器】命令，打开【动画编辑器】面板，如图 8-71 所示。在其中进行立方体的设置，例如将旋转 X、Y、Z 都设置为 50°，如图 8-72 所示。

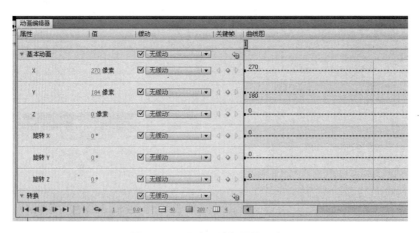

图 8-71 【动画编辑器】面板

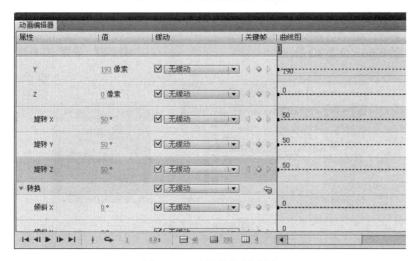

图 8-72 动画编辑器设置

c. 单击第 1 帧，利用【旋转工具】将"立方体"元件随意在 X、Y、Z 方向调整；单击第 60 帧，利用【旋转工具】将"立方体"元件再随意在 X、Y、Z 方向调整，效果如图 8-73 所示。

图 8-73 旋转立方体效果

⑫ 选择【文件】→【导出】→【导出影片】命令，在打开的【导出影片】对话框中设置【名称】为"立方体.swf"，路径在和源文件相同的文件夹下面，效果如图 8-74 所示。

图 8-74 立方体效果

(4) 制作飘雪效果。

① 新建文档并命名为"飘雪动画"。
② 导入"雪景"图片。
③ 制作"飘雪"元件。

a. 新建一个元件,设置【名称】为"雪花"、【类型】为【图形】,单击【确定】按钮进入编辑区域,绘制如图 8-75 所示的雪花。

飘雪.mp4

图 8-75 雪花效果

b. 新建一个元件,设置【名称】为"飘雪 1"、【类型】为【影片剪辑】,单击【确定】按钮进入编辑区域,在元件中通过引导层以雪花为元素制作"飘雪"元件。用同样的方法制作"飘雪 2",但引导层路径改动一下。

④ 进入场景,拖入"飘雪 1"和"飘雪 2"元件,将影片剪辑的实例名改为 px1 和 px2,然后添加一个图层,加入动作脚本:

```
for(i=1;i<=200;i++)
{duplicateMovieClip("px1","px1"+i,i);
this["px1"+i]._x=Math.random()*550;
this["px1"+i]._y=Math.random()*400;
this["px1"+i]._xscale=this["px1"+i]._yscale=random(100);
this["px1"+i]._alpha=random(100);
this["px1"+i]._rotation=random(360);
duplicateMovieClip("px2","px2"+i,i);
this["px2"+i]._x=Math.random()*550;
this["px2"+i]._y=Math.random()*400+8*i;
this["px2"+i]._xscale=this["px2"+i]._yscale=random(100);
this["px2"+i]._alpha=random(100);
this["px2"+i]._rotation=random(360);
}
```

(5) 测试场景。

任务三　制作网站主场景

知识储备

在 Flash 中创建的元件都位于库中，管理库中的元件也是在【库】面板中进行的，利用【库】面板可以方便地查找、编辑和使用元件。

一、复制元件

在制作 Flash 动画时，可以将某个文档的元件复制到另外一个文档中，有两种常用方法：在【库】面板中右击需要复制的元件，在弹出的快捷菜单中选择【复制】命令，然后切换到目标文件，再右击【库】面板，在弹出的快捷菜单中选择【粘贴】命令；或者将舞台上的元件实例复制到剪贴板，然后切换到目标文档，将元件实例复制到目标文档的舞台上，这样，实例所链接的元件也被复制到目标文档的库中。在同一个文档中如果要使用已有元件的部分内容，可以右击【库】面板中需要复制的元件，从弹出的快捷菜单中选择【直接复制】命令，在打开的【直接复制元件】对话框中修改元件的名称，然后进入元件编辑窗口修改内容即可。

二、删除与重命名元件

删除元件：只要在选定元件之后单击【库】面板底部的【删除】按钮，或者右击要删除的元件，从弹出的快捷菜单中选择【删除】命令即可。需要注意的是，在删除该元件的同时，所有该元件的实例也都被删除。

重新命名元件：只要双击元件，并在文本框中重新输入名称即可。

三、查找空闲元件

在建立 Flash 动画时，为了减小动画尺寸、方便对元件的管理，可以将那些没有使用的元件进行删除。要查找空闲元件有两种方法：单击【库】面板右上角的扩展按钮，在打开的下拉列表中选择【选择未用项目】命令，所有没有使用过的元件就会反白显示。在【库】面板中单击【使用次数】列可进行排序。

四、排序元件

为了方便在【库】面板中查看元件，可以将元件按一定的规则排列。在【库】面板中单击某个规则的列标题，主要有"名称""类型""使用次数""修改日期"等，如果希望按修改日期进行排序，可单击【修改日期】列标题。当选中该标题后，单击列标题最右侧的【切换排序顺序】按钮，可在升序和降序间切换。

五、使用元件文件夹

为了避免【库】面板中因元件过多而看起来混乱，需要把相似的元件归类到元件文件夹中。单击【库】面板底部的【新建文件夹】按钮即可新建一个文件夹。默认情况下创建的元件都位于【库】面板根目录下，把要移动的元件单击并拖动到目标文件夹即可。要将元件移动到新文件夹中，可右击已选中的元件，在弹出的快捷菜单中选择【移至新文件夹】命令，在打开的对话框中输入文件夹名，然后单击【确定】按钮。双击某个文件夹可以展开或收缩某个元件文件夹，要展开或收缩所有元件文件夹，则单击【库】面板右上角的扩展按钮，在打开的下拉列表中选择【展开所有文件夹】或【折叠所有文件夹】命令。

任务实践

本任务主要是制作"个人简历"网站中的主页面，包括"关于作者""作品设计""联系方式""友情链接"4 部分内容，效果如图 8-76 所示。具体操作步骤如下。

网站制作 2.mp4

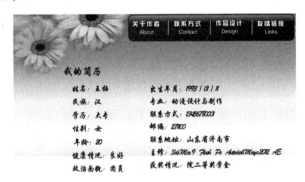

图 8-76 任务效果展示

(1) 打开"网站.fla"源文件。
(2) 新建一个元件，设置【名称】为"导航"，制作网站导航元件。
① 制作导航底色。

a. 新建一个元件，设置【名称】为"导航底色"、【类型】为【图形】，单击【确定】按钮进入元件编辑区。

b. 利用【矩形工具】中的【基本矩形工具】绘制圆角矩形，填充线性渐变颜色(左侧为#BE0E31，右侧为#700732)，并设置左侧颜色的透明度为 90%，属性大小为 407×64 像素，如图 8-77 和图 8-78 所示。

图 8-77 设置填充颜色

图 8-78 绘制圆角矩形

c. 新建图层，在上边绘制一个白色透明边，并设置填充颜色为线性渐变(左右侧均为 #FFFFFF，设置左侧透明度为 56%，右侧透明度为 0)，如图 8-79 所示。

图 8-79 制作透明边

d. 新建图层，在图形上面绘制间隔线，效果如图 8-80 所示。

图 8-80 制作间隔线

② 制作导航所需的 about 动画元件。

a. 新建元件，设置【名称】为 about、【类型】为【影片剪辑】，单击【确定】按钮进入元件编辑区。

b. 将"图层 1"改名为"矩形"，在第 2 帧处插入关键帧，利用【基本矩形工具】绘制一个 85.8×43.3 像素的圆角矩形，设置颜色填充为#660000，如图 8-81 所示。

图 8-81 制作圆角矩形

c. 新建名称为"矩形遮罩"的图层，在第 2 帧处插入关键帧。在圆角矩形的左边利用【矩形工具】绘制一个矩形，不能遮挡圆角矩形，在第 10 帧处插入关键帧，将矩形变形为覆盖掉整个圆角矩形，创建补间形状动画。

d. 选中第 2~10 帧右击，在弹出的快捷菜单中选择【复制帧】命令；然后在第 32 帧处，右击，在弹出的快捷菜单中选择【粘贴帧】命令；选择第 32~40 帧右击，在弹出的快捷菜单中选择【翻转帧】命令。

e. 在"矩形遮罩"图层上右击，在弹出的快捷菜单中选择【遮罩层】命令，如图 8-82 所示，时间轴效果如图 8-83 所示。

图 8-82 选择【遮罩层】命令

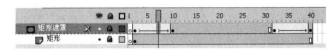

图 8-83 时间轴效果

f. 新建名称为"文字"的图层，在第 5 帧处插入关键帧，将 menu_about 图片元件拖进来，位置在圆角矩形的正上方；在第 14 帧处插入关键帧，将 menu_about 图片元件放到圆角矩形的中间，如图 8-84 和图 8-85 所示。

图 8-84 设置文字在按钮下方

图 8-85 设置文字在按钮中间

g. 在第 15～28 帧利用传统补间动画的方式制作文字从中心下移和上移的过程，第 28 帧还原到圆角矩形的中心；在第 37 帧处插入关键帧，将其文字再调整到最初的圆角矩形的下方，并设置传统补间动画，如图 8-86 所示。

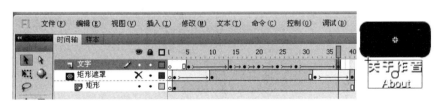

图 8-86 制作文字动画

h. 新建名称为"文字遮罩"的图层，单击第 1 帧，将绘制的圆角矩形复制到本帧作为关键帧，并水平垂直居中，保持和文字的一致，一直延续到第 40 帧。选中此图层右击，在弹出的快捷菜单中选择【遮罩层】命令，使其成为遮罩效果。

i. 新建名称为"文字 2"的图层，在第 1 帧处插入关键帧，将 menu_about 图片元件拖

257

进来，位置在圆角矩形的中心点；在第 10 帧处插入关键帧，将 menu_about 图片元件拖动到圆角矩形的上面，并为第 1～10 帧设置传统补间动画，如图 8-87 和图 8-88 所示。

图 8-87　设置文字在按钮中间

图 8-88　设置文字在按钮上面

j. 选中第 1～10 帧的所有帧，右击，在弹出的快捷菜单中选择【复制帧】命令，选择第 31 帧，右击，在弹出的快捷菜单中选择【粘贴帧】命令，并选中第 31～40 帧，右击，在弹出的快捷菜单中选择【翻转帧】命令。

k. 选中"文字遮罩"图层，右击，在弹出的快捷菜单中选择【拷贝图层】命令，在"文字 2"图层的上面粘贴图层，并将名称改为"文字 2 遮罩"，如图 8-89 和图 8-90 所示。

图 8-89　选择【拷贝图层】命令　　　　　图 8-90　粘贴图层

l. 选中"文字 2 遮罩"图层，右击，在弹出的快捷菜单中选择【属性】命令，在弹出的【图层属性】对话框中将【类型】设置为【一般】，如图 8-91 所示。时间轴效果如图 8-92 所示。

图 8-91　设置图层属性

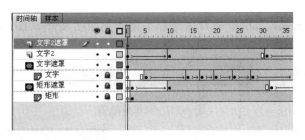

图 8-92 时间轴效果

m. 选中"文字 2 遮罩"图层，右击，在弹出的快捷菜单中选择【遮罩层】命令，重新设置遮罩效果，如图 8-93 所示。

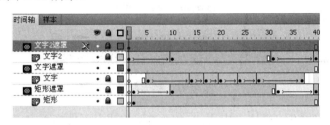

图 8-93 设置遮罩

n. 新建名称为 as 的图层，在第 1 帧和第 2 帧处插入关键帧，按 F9 键打开【动作】面板，输入动作代码 stop();。

③ 用同样的方法制作 design、contact、links 影片剪辑动画元件。

④ 制作"about 关于我"按钮。

a. 新建元件，设置【名称】为"about 关于我"、【类型】为【按钮】，单击【确定】按钮，进入按钮编辑区。

b. 在编辑区的弹起帧中，将 menu_about 图片元件拖进来，设置水平垂直居中，在指针经过帧中插入关键帧，将 about 影片剪辑元件拖进来，相对于场景水平垂直居中。

⑤ 用同样的方法制作"design 设计"、"contact 联系"、"links 链接"按钮。

⑥ 制作一个透明按钮，设置【名称】为"透明按钮"，在按钮元件区中，在点击帧上绘制一个 86×44 的矩形，添加一个图层，在指针经过帧上导入按钮音乐，如图 8-94 所示。

图 8-94 为按钮添加音乐

⑦ 制作导航条。

a. 新建元件，设置【名称】为"导航条"、【类型】为【影片剪辑】，单击【确定】按钮进入元件编辑区。将"图层 1"命名为"底色"，将"导航底色"拖进来，如图 8-95 所示。

b. 新建名称为"动画"的图层，将 about、design、contact、links 影片剪辑动画元件放置到合适的位置上。分别将实例名修改为 about1、

网站制作 3.mp4

design1、contact1、links1，about 影片效果和整体效果如图 8-96 和图 8-97 所示。

图 8-95　制作导航条

图 8-96　设置 about

图 8-97　整体效果

c. 新建名称为"透明按钮"的图层，将"透明按钮"元件拖到 about、design、contact、links 4 个元件的上面。分别将实例名修改为 about、design、contact、links，其效果如图 8-98～图 8-101 所示。

图 8-98　about 透明按钮

图 8-99　design 透明按钮

图 8-100　contact 透明按钮

图 8-101　links 透明按钮

d. 选中透明按钮 about，按 F9 键，在打开的【动作】面板中插入动作代码：

```
on (rollOver) {this.about1.gotoAndPlay(2);}
on (rollOut)  {this.about1.gotoAndPlay(21);}
on (release)  { _root.a();}
```

e. 用同样的方法分别选中其他 3 个透明按钮 design、contact、links，分别按 F9 键，在打开的【动作】面板中插入动作代码，代码分别为：

```
on (rollOver) {this.design1.gotoAndPlay(2);}
on (rollOut)  {this.design1.gotoAndPlay(21);}
on (release)  { _root.b();}

on (rollOver) {this.contact1.gotoAndPlay(2);}
on (rollOut)  {this.contact1.gotoAndPlay(21);}
on (release)  { _root.c();}

on (rollOver) {this.links1.gotoAndPlay(2);}
on (rollOut)  {this.links1.gotoAndPlay(21);}
on (release)  { _root.d();}
```

(3) 制作"关于作者"影片剪辑。

① 新建元件，设置【名称】为"简历"、【类型】为【影片剪辑】，单击【确定】按钮进入元件编辑区。

② 在第 1 帧上插入关键帧，在舞台上利用【文本工具】输入关于作者的文本信息，如图 8-102 所示。

③ 在第 20 帧处插入关键帧，单击第 1 帧，选中内容，将其【属性】面板的【色彩效果】卷展栏中的 Alpha 调整为 0。并在第 1～20 帧创建传统补间动画，如图 8-103 所示。

图 8-102　简历文本信息　　　　　　　图 8-103　设置透明度

(4) 制作"我的作品"影片剪辑。

① 新建元件，设置【名称】为"我的作品"、【类型】为【影片剪辑】，单击【确定】按钮进入元件编辑区。

② 利用传统动画制作文字"我的作品"的顺时针旋转动画。

③ 利用【矩形工具】和【线条工具】绘制一个表格，再在右侧绘制一个影片播放区。设置实例名为 mc。

④ 在表格中用【文本工具】输入静态文本"维尼熊"、MTV、"瀑布""台历""落叶""火柴人"内容，并制作"播放"按钮，分别放在 6 个文字的下面。并在其【属性】面板中设置实例名分别为 play1、play2、play3、play4、play5、play6。拖入舞台中的效果如

图 8-104 所示。

图 8-104 制作"我的作品"

⑤ 选中 play1 实例,按 F9 键,在打开的【动作】面板中输入代码:

```
on (release) {mc.loadMovie("wnx.swf");
mc._x=460;
mc._y=280;
mc._xscale=mc._yscale=50;
}
```

⑥ 利用相同的方法为 play2、play3、play4、play5、play6 添加动作代码,代码分别如下:

```
on (release) {mc.loadMovie("mtv.swf");
mc._x=470;
mc._y=340;
mc._xscale=mc._yscale=50;
}
on (release) {mc.loadMovie("pb.swf");
mc._x=485;
mc._y=320;
mc._xscale=45;
mc._yscale=60;
}
on (release) {mc.loadMovie("tl.swf");
mc._x=470;
mc._y=320;
mc._xscale=40;
mc._yscale=60;
}
on (release) {mc.loadMovie("ly.swf",1);
mc._x=490;
mc._y=350;
mc._xscale=mc._yscale=40;
}
on (release) {mc.loadMovie("hcr.swf");
mc._x=460;
```

```
mc._y=340;
mc._xscale=mc._yscale=50;
}
```

(5) 制作"联系方式"影片剪辑。

新建元件，设置【名称】为"联系方式"、【类型】为【影片剪辑】，单击【确定】按钮。利用【文本工具】输入如图 8-105 所示的静态文本，并利用透明度创建传统补间动画，使之出现渐现效果。

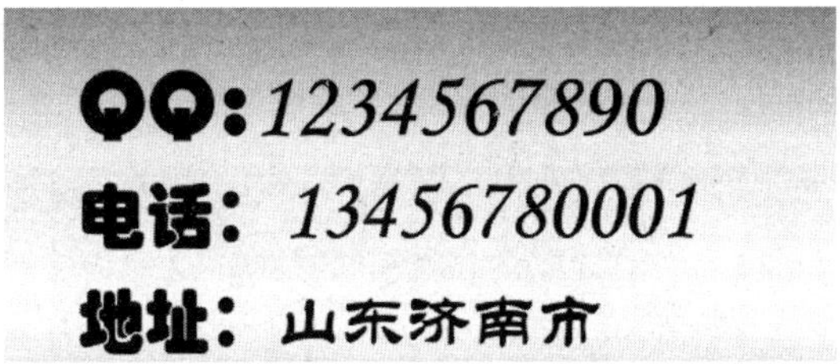

图 8-105 制作"联系方式"

(6) 制作"友情链接"影片剪辑。

① 新建元件，设置【名称】为"友情链接"、【类型】为【影片剪辑】，单击【确定】按钮。

② 在"图层 1"的第 1 帧处插入关键帧，将图片和文本拖曳到舞台上，效果如图 8-106 所示。

图 8-106 制作"友情链接"

③ 选中文本 http://www.enet.com.cn/eschool/zhuanti/flashcs3/#，右击，在弹出的快捷菜单中选择【转换为元件】命令，弹出【转换为元件】对话框，设置【名称】为"网址 1"、【类型】为【按钮】，按 F9 键，在打开的【动作】面板中为按钮添加动作代码 on (release) {getURL("http://www.enet.com.cn/eschool/zhuanti/flashcs3/#");}。

④ 使用同样的方法选中其他两个文本，将其转换为按钮元件，分别命名为"网址 2""网址 3"，并为其添加动作代码，分别为：

```
on
(release){getURL("http://www.pconline.com.cn/pcedu/specialtopic/vtutorial/
index_03.htm");}

on (release) {getURL("http://design.yesky.com/flash/mx/");}
```

⑤ 新建元件，设置【名称】为"链接网站"，将"友情链接"影片剪辑拖曳到舞台中来。

⑥ 新建遮罩图层，利用【矩形工具】绘制一个矩形。

⑦ 通过设置"图层 1"的文字移动动画和遮罩效果来实现文字的荧幕效果。

(7) 制作网站首页。

① 新建元件，设置【名称】为"网站页面"、【类型】为【影片剪辑】，单击【确定】按钮。

② 在元件编辑区，将"图层 1"改名为"背景"，将 bj1 和"导航条"拖入到舞台合适的位置，如图 8-107 所示。

图 8-107　导航条设置

③ 新建名称为"花"的图层，将花心影片剪辑元件拖曳到舞台的合适位置，如图 8-108 所示。

图 8-108　设置"花"

④ 新建名称为"页面"的图层，在第 2、3、4、5 帧处插入关键帧，分别将"简历""我的作品""和我联系""链接网站" 4 个影片剪辑元件拖曳到舞台的合适位置。

⑤ 新建名称为 as 的图层，在第 1 帧处插入关键帧，按 F9 键，在打开的【动作】面板中输入动作代码 stop();，同样在第 2、3、4、5 帧处插入关键帧，按 F9 键，在打开的【动作】

面板中输入动作代码 stop();。

(8) 制作网站主场景。

① 在场景中"登录注册"图层的第 6 帧处插入关键帧,将"网站页面"拖到舞台的合适位置。

② 新建名称为 as 的图层,在第 1 帧上插入动作代码:

```
stop();
var jieguo:String="";
```

同样,在第 2、3、4、5 帧插入动作代码:stop();,在第 6 帧插入动作代码:

```
stop();
function a(){nr.gotoAndStop(2);}
function b(){nr.gotoAndStop(3);}
function c(){nr.gotoAndStop(4);}
function d(){nr.gotoAndStop(5);}
```

效果如图 8-109 所示。

图 8-109 效果图

上机实训 "满江红"诗词网站制作

【实训背景】

某公司要制作一个 Flash 版本的诗词学习网站,正好学生最近对岳飞的诗词比较感兴趣,因此就基于"满江红"的基础制作了这个网站,要求利用素材绘制一个网站的整体设计与制作,主要包括"岳飞简介""诗词朗诵""诗词记忆""诗词闯关"4 个内容版块。

【实训内容和要求】

本次上机实训主要通过前面学习的内容制作诗词网站,要求利用组件制作闯关题目,利用动态文本制作诗词记忆。

【实训步骤】

(1) 打开 Flash CS6 软件,新建一个文档,属性设置保持默认,保存为"满江红.fla"。

(2) 将所需要的素材全部导入到库中。

(3) 将"图层 1"改名为"背景"。在第 1 帧处插入关键帧并进行背景的设计，效果如图 8-110 所示。再为"开始学习"按钮添加动作代码 stop();。

图 8-110　背景效果图

(4) 新建名称为"内容"的图层，在第 2 帧上插入关键帧，在舞台的左侧输入"岳飞简介"，右侧拖入组件 TextArea，并将实例名命名为 s。

(5) 制作"朗诵"影片剪辑。

① 将"图层 1"改名为"声音"，将"满江红.mp3"拖入到舞台中，并根据其朗诵内容将其延伸至 1856 帧处。

② 新建名称为"前序"的图层，在第 1 帧上输入文本"通过诗歌朗诵来体会诗的感情，来想象当时岳飞的心情。该慢就慢。把诗歌里的各种情感要表达出来，要能抓住人的心。"，并延续到第 95 帧处，效果如图 8-111 所示。

图 8-111　输入文本

③ 利用前面制作 MTV 歌词同步的方法新建诗词图层和诗词遮罩层，从第 96 帧开始制作诗词内容的同步。

(6) 制作诗词闯关影片剪辑。

① 新建元件，设置【名称】为"选择级别"、【类型】为【影片剪辑】，单击【确定】按钮进入编辑区域。

② 将"图层 1"改名为"内容"，选择第 1 帧，利用素材和组件制作诗词闯关的背景，其中闯关级别后面的组件为 ComboBox，将其值设置为"一星级""二星级""三星级"，组件实例名为 my_cb。效果如图 8-112 和图 8-113 所示。

图 8-112 闯关背景

图 8-113 闯关级别

③ 新建名称为 as 的图层，在第 1 帧处插入动作代码：

```
stop();
var t1="";
var cb:Object = {};
cb.change = function(event){
t1 = event.target.selectedItem.data;
if(t1=="一星级")gotoAndStop(2);
if(t1=="二星级")gotoAndStop(3);
if(t1=="三星级")gotoAndStop(4);
}
//添加事件侦听器
my_cb.addEventListener("change",cb);
```

④ 制作"选择填空"一星级影片剪辑。

a. 新建元件，设置【名称】为"选择填空"，单击【确定】按钮，将其"图层 1"改名为"内容"，在第 1 帧到第 5 帧制作第一关的界面内容，共 5 题，其中答案利用的组件是 TextArea，效果如图 8-114 所示。

图 8-114 选择填空题目

b. 在第 6 帧处插入关键帧，制作闯关成功界面，在第 7 帧处制作失败界面，效果如图 8-115 所示。

c. 为"重新学习"按钮添加动作代码：

```
on (release) {_root.gotoAndPlay(2);}
```

d. 为"进入下一关"按钮添加动作代码：

```
on (release) {_parent.gotoAndPlay(3);}
```

图 8-115 成功和失败界面

e. 为"返回选关"按钮添加动作代码:

```
on (release) {_parent.gotoAndPlay(1);}
```

f. 新建名称为 as 的图层,在第 1 帧处插入动作代码:

```
stop();
bt.onRelease=function()
{if(ta.text=="岳飞")
    gotoAndStop(2);
   else
    gotoAndStop(7);
}
```

g. 用同样的方法为第 2、3、4、5 帧插入动作代码,代码分别是:

```
stop();
ta.text="";
bt.onRelease=function()
{if(ta.text=="秦桧")
    gotoAndStop(3);
   else
    gotoAndStop(7);
}
```

```
stop();
ta.text="";
bt.onRelease=function()
{if(ta.text=="连接河朔")
    gotoAndStop(4);
   else
    gotoAndStop(7);
}
stop();
ta.text="";
bt.onRelease=function()
{if(ta.text=="大理寺狱")
    gotoAndStop(5);
   else
    gotoAndStop(7);
}
```

```
stop();
ta.text="";
bt.onRelease=function()
{if(ta.text=="绍兴十一年")
   gotoAndStop(6);
   else
   gotoAndStop(7);
}
```

h. 在第 6、7 帧处插入动作代码 stop();。

⑤ 制作"第二关"影片剪辑。

a. 新建元件，设置【名称】为"第二关"，单击【确定】按钮。

b. 将"图层 1"改名为"内容"，在第 1 帧处插入关键帧，制作单项选择题界面，效果如图 8-116 所示。

c. 新建名称为 as 的图层，在第 1 帧插入动作代码：

```
stop();
bt2.onRelease=function()
{if(radioGroup.getValue()=="南宋")
    gotoAndStop(2);
 else
    gotoAndStop(3); }
```

d. 用④中的方法制作成功与失败界面。

⑥ 制作"第三关"影片剪辑。

a. 新建元件，设置【名称】为"第三关"，单击【确定】按钮。

b. 将"图层 1"改名为"内容"，在第 1 帧处插入关键帧，制作多选题界面，效果如图 8-117 所示。

图 8-116 单项选择题　　　　　　　　图 8-117 多项选择题

c. 新建名称为 as 的图层，在第 1 帧插入动作代码：

```
stop();
bt3.onRelease=function()
{if(first1.getState()==true&&first2.getState()==true&&first3.getState()==true&&first4.getState()==true)
  gotoAndStop(2);
  else
  gotoAndStop(3);    }
```

d. 用④中的方法制作成功与失败界面。

(7) 制作"诗词记忆"影片剪辑。

① 利用导入素材制作背景,效果如图 8-118 所示。

图 8-118　背景效果

② 新建名称为"按钮"的图层,在第 1 帧处插入文字和按钮,效果如图 8-119 所示。在第 2 帧处插入关键帧,将文字"诗词记忆"删掉,将按钮位置调整到右侧,如图 8-120 所示。按照这个位置的按钮在第 3~24 帧都插入关键帧。

图 8-119　插入文字和按钮　　　　　　　　图 8-120　调整按钮位置

③ 新建名称为"内容"的图层,在第 2 帧处插入关键帧,选择【文本工具】,在【属性】面板中选择【输入文本】选项,在舞台上绘制一个输入文本框,并将实例名命名为 a1,效果如图 8-121 所示。

图 8-121　输入文本效果

在第 3 帧上利用静态文本输入第 1 句正确的诗词，并在后面拖入文本框，并命名实例名为 a2，用同样的方法制作第 4~24 帧的文本内容。用来实现如果记忆正确则进行下一句的输入过程，部分效果如图 8-122 所示。

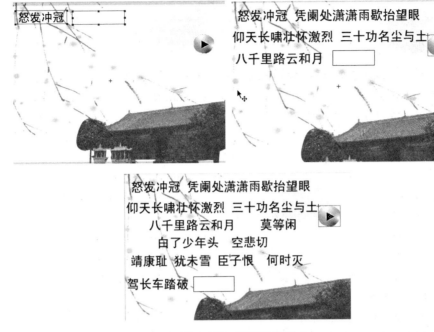

图 8-122　部分效果图

④ 选择"按钮"图层，单击第 1 帧，选择按钮，按 F9 键打开【动作】面板添加动作代码 on (release) {gotoAndPlay(2); }；单击第 2 帧，选择按钮，按 F9 键打开【动作】面板添加动作代码 on (release) {if(a1.text=="怒发冲冠") gotoAndPlay(3);}。用同样的方法为第 3~24 帧的按钮添加动作代码，其中第 3~10 帧的代码如下：

```
on (release) {if(a2.text=="凭阑处") nextFrame();}
on (release) {if(a3.text=="潇潇雨歇")nextFrame();}
on (release) {if(a4.text=="抬望眼")nextFrame();}
on (release) {if(a5.text=="仰天长啸")nextFrame();}
on (release) {if(a6.text=="壮怀激烈")nextFrame();}
on (release) {if(a7.text=="三十功名尘与土")nextFrame();}
on (release) {if(a8.text=="八千里路云和月")nextFrame();}
on (release) {if(a9.text=="莫等闲")nextFrame();}
```

(8) 返回到场景，选择"内容"图层的第 2 帧，插入关键帧，将"朗诵"元件拖入舞台中并调整位置；选择第 3 帧，将"诗词闯关"元件拖入舞台中并调整位置；选择第 4 帧，将"诗词记忆"元件拖入舞台中并调整位置。

(9) 新建名称为"按钮"的图层，制作"返回首页"按钮，在第 2~5 帧上插入按钮。

(10) 新建名称为 as 的图层，在第 1 帧处插入动作代码 stop();，在第 2 帧处插入动作代码 stop();s.text=" ";(双引号里面是复制岳飞资料.doc 中的文字内容)，在第 3、4、5 帧处插入动作代码 stop();。

(11) 测试影片。

【实训素材】

将实例文件存储于"网络资源\源文件\项目八\满江红.fla"中。

习　　题

一、选择题

1. 在 Flash 电影中添加可滚动的单选和多选的下拉菜单是(　　)。
   A. ComboBox　　　　B. ListBox　　　　C. ScrollBar　　　　D. ScrollPane
2. 同时具有水平和垂直滚动条的窗口是(　　)。
   A. ScrollBar　　　　B. ListBox　　　　C. ComboBox　　　　D. ScrollPane
3. 单选按钮的初始状态若是未选中，则(　　)。
   A. initialState=TRUE　　　　　　　　B. initialState=FALSE
   C. initialState=YES　　　　　　　　　D. initialState=CHOOSED
4. 下面不是 Flash CS6 中内置的组件是(　　)。
   A. CheckBox　　　　　　　　　　　　B. RadioButton
   C. ScrollPane　　　　　　　　　　　　D. Jump Menu (跳转菜单)
5. 在修改组件的颜色时，为了提高 Flash 的运行速度，应该(　　)。
   A. 尽可能多地修改默认的颜色设置
   B. 将未修改的属性也列出来
   C. 只需要指定要修改的属性，而不需要包括所有未修改的属性
   D. 使用尽量统一的颜色
6. 如需限制影片剪辑的等比例缩放，在脚本中需要控制的属性有(　　)。
   A. _xscale　　　　　　　　　　　　　B. _yscale
   C. _xscale 和 _yscale　　　　　　　　D. scaleX 和 scaleY

二、填空题

1. ＿＿＿＿＿＿组件就是单选按钮组件。
2. 在 ActionScript 3.0 中，要实现载入外部的影片功能，必须使用显示对象的＿＿＿＿＿类。

三、思考题

1. 如图 8-123 所示，用按钮控制星星的移动，假设星星元件实例名为"star"，按钮元件实例名为"move"，如果让星星向右移动 10 个像素，同时向上移动 5 个像素，则在 ActionScript 3.0 中如何实现？

图 8-123　按钮控制星星

2. 如图 8-124 所示，如使用脚本控制叶子向左下方飘落，并且有旋转、淡化、缩小的效果，需要改变对象的哪些属性？

3. 介绍常用组件的属性功能。

图 8-124　叶子飘落

参 考 文 献

[1] 何晓霞，殷建艳. Flash CS3 动画制作教程与实训[M]. 北京：科海电子出版社，2009.
[2] 王德永，樊继. Flash 动画设计与制作实例教程[M]. 北京：人民邮电出版社，2011.
[3] 朱治国，缪亮，陈艳丽. Flash ActionScript 3.0 编程技术教程[M]. 北京：清华大学出版社，2008.
[4] 王慧. 动漫创意设计[M]. 北京：邮电大学出版社，2009.